江苏“十三五”重点出版规划项目

江苏好家训

江苏省地方志编纂委员会办公室　编

江蘇鳳凰教育出版社

序

漆冠山

“家训”是中华民族传统文化的重要内容，凝聚了前人对子孙立身处世、持家治业的教诲和价值取向，是治家教子、修身处世的重要载体，是家庭教育智慧的深刻体现，是公民精神成长的重要源头。通过“修身”“齐家”,可以形成良好的社会风气。

国有史，郡有志，家有谱。我国的家训萌芽于五帝时期，产生于西周，成型于两汉，成熟于隋唐，繁荣于宋元。后因明代大移民，文化的外迁和传播，家训文明在明清时期达到鼎盛。一些深受儒家文化影响的移民将祖上传下来的家训家规和优良家风带到了各地。江苏作为历史悠久、人文荟萃之地，优秀家训众多，其间包含了丰富的做人道理、做事风范、持家准则，有很强的启迪意义。南北朝时期颜之推撰写的《颜氏家训》，集家训文化之大成，被誉为“古今家训，以此为祖”，留下了教子、治家、勉学等许多可供后世借鉴的至理名言。明末清初顾炎武提出“保天下者，匹夫之贱，与有责焉耳矣”，后来被梁启超凝炼为“天下兴亡，匹夫有责”八个字。这种关怀民生，以天下为己任的思想不仅影响了顾氏后裔，更砥砺了无数国人。江苏作为方志大省，留下来大量谱牒资料，其中记载了很多优秀的家训，如扬州郑板桥、南通张謇等大家族，都留下了很多传诵至今的至理名训。

家训涵养着民风、折射出作风、影响到党风。对普通家庭来说，家风不正、管教不严，子女很容易招惹祸端。对领导干部家庭而言，家风不是个人小事、家庭私事，而直接影响到党风、政风、民风，如果家风崩毁，则不仅祸害家族，而且还直接损害党和政府的形象。在深入贯彻党的十八大和十八届三中、四中、五中、六中全会精神，全面落实习近平总书记系列重要讲话精神，为实现中华民族伟大复兴中国梦努力奋斗的征程中，重温历史上的优秀家训，大力培育和践行社会主义核心价值观，对于广大党员干部更加自觉地修身律己、垂范家人，进而影响群众，引领崇德向善、奋发向上的时代风尚，具有十分重要的意义。

《江苏好家训》由名人家训和家族家训两部分组成，展现了江苏丰厚的文化底蕴和优异的文明成就。在编撰过程中，我们对每条家训辅以注释、评析；根据家训原文长短适当分割，注释部分尽量做到将每一难字、难词、名物度数、典章制度等解释清楚；评析部分尽量将作者信息、家训意义及其影响给予明确客观的介绍，并配以图画、照片。文字简短凝练，内容深入浅出，形式图文并茂，希望能给读者以启迪。

目 录

第一部分 名人家训篇

刘 邦…………3
刘 恒…………6
刘 向…………9
陆 逊…………13
颜延之…………15
刘义隆…………22
萧 嶷…………27
萧 纲…………31
萧 绎…………33
徐 勉…………38
颜之推…………43
范仲淹…………52
叶梦得…………58
朱元璋…………64
唐顺之…………68
顾宪成…………71

目　录

第一部分　名人家训篇

高攀龙……74
李应升……77
卢象升……81
徐　媛……84
瞿式耜……87
陆世仪……90
袁了凡……94
王敬臣……100
何士晋……103
秦　坊……107
顾炎武……110
金　敞……114
王时敏……119
冯　班……122
朱用纯……124
蒋　伊……136

第一部分　名人家训篇

目　录

钟于序…………141

史　夔…………147

李　果…………149

郑板桥…………153

石成金…………158

史　典…………162

秦　瀛…………167

洪亮吉…………170

钱　泳…………175

焦　循…………179

阮　元…………184

李兆洛…………186

潘德舆…………189

王师晋…………196

张　謇…………201

目　录

第二部分　家族家训篇

徐州睢宁《仝氏家训》…… 207

盐城万二公支系《蔡氏家训》…… 211

连云港灌云《陈氏家训》…… 213

泰州泰兴《何氏家范》…… 215

扬州江都《束氏家训二十条》…… 220

泰州姜堰《王氏宗祠六规训》…… 222

泰州姜堰溱潼镇《李氏家训》…… 227

泰州靖江《盛氏宗规》…… 230

扬州《何氏家训》…… 235

镇江润州《丁氏宗约》…… 239

苏州洞庭席氏家训…… 243

南京江宁甘氏家训…… 246

无锡荡口华氏家训…… 248

第二部分　家族家训篇

目　录

无锡荣氏家训……251
宜兴瀚渎《徐氏宗规》《家训十则》……256
常州《须氏家训》……260
常州《诸氏宗训》……263
常州毗陵孟河《汤氏家训》……266
常州《毗陵霍氏宗规》……269
常州武进《汪氏宗规》《汪氏家训》……272
常州金沙李墟《蒋氏宗约》《蒋氏谱训》……277
常州金坛《何氏家训》……280
常州《毗陵是氏家训》……283
常州《毗陵庄氏祠规》……286
无锡《宜兴堵氏祠规》……289
后　记……295

第一部分　名人家训篇

刘邦画像

刘 邦

刘邦（前256~前195），西汉开国皇帝，沛郡丰邑阳里（今江苏丰县）人。早年做过亭长，为人豁达豪爽，仗义疏财。因释放刑徒而亡匿芒砀山中。陈胜起事后，刘邦聚众响应，攻占沛县等地，人称“沛公”，不久投奔项梁。公元前206年，刘邦军进驻霸上，秦王子婴投降，秦灭亡。刘邦废秦苛法，与关中父老约法三章。鸿门宴后封为汉王，统治巴蜀及汉中一带。楚汉战争前期，刘邦处于劣势，连连败北。但他知人善任，善于纳谏，充分发挥部下的才能，又注意联合各地力量反对项羽，终于反败为胜，击败项羽，统一天下。公元前202年，刘邦即皇帝位，定都长安，史称西汉。公元前195年，因讨伐英布叛乱，刘邦被流矢射中，后病重不起，同年去世。庙号“太祖”，谥号“高皇帝”。

【家训节选】

吾遭乱世，当秦禁学[①]，自喜，谓读书无益。洎[②]践祚[③]以来，时方省书[④]，乃使人知作者之意，追思昔所行，多不是。

吾生不学书，但读书问字而遂知耳。以此故不大工，然亦足自辞解[⑤]。今视汝书，犹不如吾。汝可勤学习。每上疏[⑥]，宜自书，勿使人也。

——《手敕太子》

【注释】

①禁学：谓禁止儒学。

②洎：到，及。

③践祚：即位，登基。

④省书：看书。

⑤辞解：以言语表达自己的意思。

⑥疏：奏章，官员专门上奏皇帝的一种文书形式。

【评析】

《手敕太子》是刘邦病危时确立嫡长子刘盈为皇位继承人，亲笔撰写的一篇敕书。在这篇敕书中，身为开国皇帝的刘邦，俨然不是高高在上、不可一世的帝王形象，而是一位即将弃世的老人。他回顾自己少壮之时轻视读书问学，追悔之情溢于言表；认识到读书问学不是一件没有意义的事情；寄望儿子能够吸取自己的教训，勤奋向学；并鼓励儿子努力写作文章，不可找人代笔。整篇敕书语言朴实、言简意赅、感情真挚，可谓语重情长。

江蘇好家訓

刘　恒

刘恒（前202~前157），汉高祖刘邦的第四子，母薄姬。公元前196年，刘邦镇压陈豨叛乱后，封刘恒为代王。刘恒为人宽容、平和、低调。刘邦死后，吕后专权，诸吕掌握了朝廷军政大权。公元前180年，吕后死，太尉周勃、丞相陈平等大臣把诸吕等人一网打尽，迎立代王刘恒入京为帝，是为汉文帝。汉文帝即位后，励精图治，兴修水利，衣着朴素，废除肉刑，使汉朝进入强盛安定的时期。当时百姓富裕，天下小康。汉文帝与其子汉景帝统治时期被史家誉为“文景之治”。

【家训节选】

朕闻盖天下万物之萌生，靡不有死。死者天地之理，物之自然者，奚可甚哀？当今之时，世咸[1]嘉[2]生而恶死，厚葬以破业，重服[3]以伤生，吾甚不取。且朕既不德，无以佐百姓；今崩，又使重服久临，以离[4]寒暑之数，哀人之父子，伤长幼之志，损其饮食，绝鬼神之祭祀，以重吾不德也，谓天下何！

【注释】

①咸：都。

②嘉：喜爱。

③重服：服丧过度，重丧服。

④离：同“罹”，遭遇，经受。

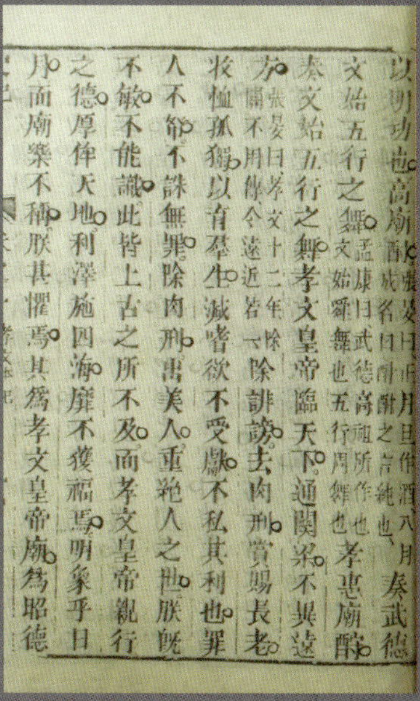

以明功也。高廟酎，奏武德文始五行之舞。孝惠廟酎，奏文始五行之舞。孝文皇帝臨天下，通關梁，不異遠方。除誹謗，去肉刑，賞賜長老，收恤孤獨，以育羣生。減嗜欲，不受獻，不私其利也。罪人不帑，不誅無罪。除肉刑，出美人，重絕人之世。朕既不敏，不能識。此皆上古之所不及，而孝文皇帝親行之。德厚侔天地，利澤施四海，靡不獲福焉。明象乎日月，而廟樂不稱，朕甚懼焉。其為孝文皇帝廟為昭德

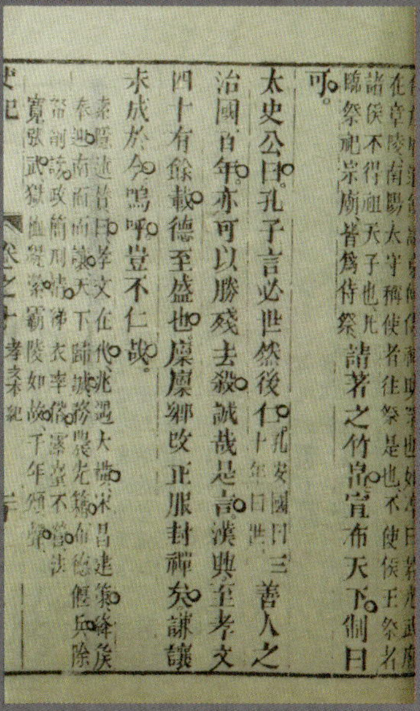

請著之竹帛，宣布天下。制曰可。

太史公曰：孔子言“必世然後仁。善人之治國百年，亦可以勝殘去殺。”誠哉是言！漢興，至孝文四十有餘載，德至盛也。廩廩鄉改正服封禪矣，謙讓未成於今。嗚呼，豈不仁哉！

【评析】

中国古代皇帝有成文的遗诏，自汉文帝此篇开始。秦朝末年天下大乱，民生凋敝，生活拮据，甚至天子都无法乘坐四匹同样颜色的马所驾的马车，而将相只能乘坐牛车，鉴于这种形势，汉初统治者采取与民生息的政策，提倡俭朴的生活。汉文帝刘恒在这方面表现相当突出。他生前节俭，在位二十三年，没有盖宫殿，没有修园林，甚至连狗、马、衣服、车驾都没有添加。在这篇遗诏中，他训告臣下在他死后务必免除繁文缛节，省除靡费，节丧薄葬，力行节俭，以免劳民伤财，加重自己的“不德”。这篇遗诏与汉文帝一贯的俭朴相符。诏文谨慎谦抑的语气，显示了汉文帝淳朴宽厚的性格。

刘 向

刘向（前77~前6），原名更生，字子政，彭城（今江苏徐州）人。西汉末年著名的经学家、目录学家、文学家，汉高祖四弟楚元王刘交的第四代孙。刘向通晓天文星象，又对当时的宦官、外戚专权十分不满，于是屡屡用阴阳灾异说法，推论国家政治得失，以劝谏皇帝疏外戚而重宗室。但因权臣、宦官专政，下狱，免为庶人。汉成帝时得进用，历任光禄大夫、中垒校尉。曾奉命校阅经传、诸子、诗赋等书籍，撰成《别录》一书，为我国古典目录学的发展奠定了基础。刘向一生著作颇丰，有《洪范五行传》《列女传》《新序》《说苑》等。

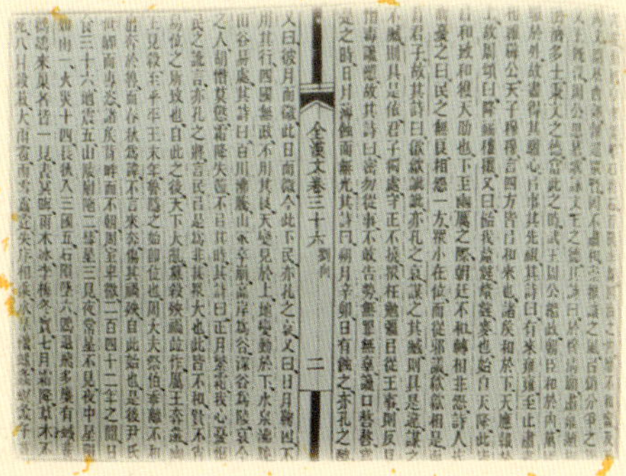

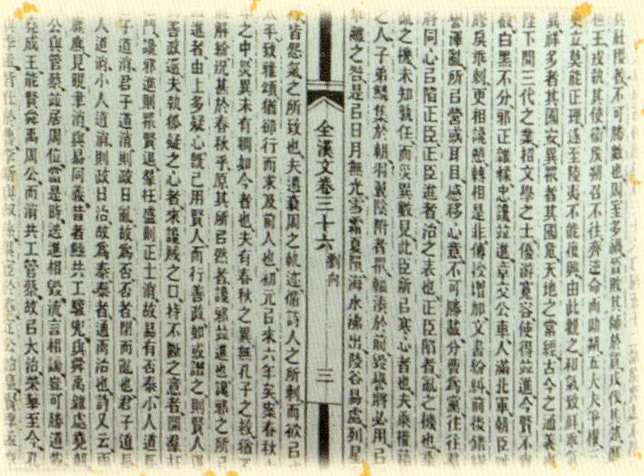

《全上古三代秦汉三国六朝文》收录了刘向的作品

【家训节选】

告歆[1]无忽：若未有异德，蒙恩甚厚，将何以报？董生[2]有云："吊者在门，贺者在闾[3]。"言有忧则恐惧敬事，敬事则必有善功，而福至也。又曰："贺者在门，吊者在闾[4]。"言受福则骄奢，骄奢则祸至，故吊随而来。齐顷公[5]之始，藉霸者之余威，轻侮诸侯，亏跂蹇[6]之容，故被鞍之祸[7]，遁服而亡，所谓"贺者在门，吊者在闾"也。兵败师破，人皆吊之，恐惧自新，百姓爱之，诸侯皆归其所夺邑，所谓"吊者在门，贺者在闾"也。今若年少，得黄门侍郎[8]，要显处也。新拜皆谢，贵人叩头，谨战战栗栗，乃可必免。

——《戒子歆书》

【注释】

①歆：刘歆，字子骏，刘向的小儿子。以能通经学、善属文为汉成帝召见，为黄门郎。汉成帝河平年间，受诏与其父刘向一同负责整理、校订国家收藏的书籍。哀帝时，刘歆负责总校群书，在其父所撰《别录》的基础上，修订成我国历史上第一部综合性的系统反映国家藏书的分类目录——《七略》。

②董生：董仲舒，西汉著名思想家、政治家。董仲舒在著名的《举贤良对策》中提出"天人感应""大一统"学说以及"诸不在六艺之科、孔子之术者，皆绝其道，勿使并进"的主张，其中"罢黜百家，独尊儒术"的主张为汉武帝所采纳，使儒学成为中国传统社会的正统思想，影响长达二千多年。

③吊者在门，贺者在闾："吊"是"慰问"，家中有忧事，别人

来慰问。“闾”是“里巷”。这句话的意思是如果一个人家中有值得忧虑的事，就会小心谨慎地做人做事，这样一来，一定会有好的成果和福气，乡亲就会来祝贺。

④贺者在门，吊者在闾：指人有好事，便会得意忘形，这样一来，迟早要遭遇坏事。

⑤齐顷公：齐惠公之子。

⑥蹇：跛。公元前592年春季，晋景公派遣郤克到齐国参加盟会。齐顷公的母亲藏在帷中观看，见郤克跛行登上台阶，她在帷中笑了起来。郤克很生气，发誓说：“如果我不报此仇，今生定不过黄河！”

⑦被鞍之祸：公元前589年，齐顷公在鞍（地名，在今山东济南）之战大败，被晋军追逼，“三周华不注”（绕华不注山跑了三圈），差点被俘，幸得大臣逢丑父相救，二人互换衣服，齐顷公到山脚华泉取水，得以逃走。

⑧黄门侍郎：官名，秦朝设置，汉代沿设，即给事于宫门之内的郎官，宫禁之门黄闼，故称“黄门郎”或“黄门侍郎”。秦、汉另有给事黄门，职司相同，东汉并为一官，或称“给事黄门侍郎”。秩六百石，掌侍从皇帝，传达诏命。魏、晋、南朝官名前均有“给事”二字。南朝以下因掌管机密文字，职位日渐重要。南朝梁提高品级至十班（班多者贵，最高十八班，下至一班）。北朝亦置，北齐属北下省，秩第四品。隋去“给事”二字。唐曾称“东台侍郎”“鸾台侍郎”。玄宗天宝元年（742）改称“门下侍郎”。

【评析】

这封家书是刘向在儿子刘歆初登仕途、出任黄门侍郎不久后所写。常言道，“受福则骄奢，骄奢则祸至”，如果因居高位而飞扬跋扈、目中无人，便会祸难临头，这便是董仲舒所说“贺者在门，吊者在闾”的道理。又人言“满招损，谦受益”，是讲为人处世须谨慎、谦恭，地位越高，名气越大，越需要谦谨，如此便会受福，这就是董仲舒所说“吊者在门，贺者在闾”的道理。刘向还列举了春秋时代齐顷公的故事，具体说明“吊者在门，贺者在闾”“贺者在门，吊者在闾”的道理。在这封家书中，刘向用这两句极富哲理的话，来告诫儿子在仕途得意之时、身居要职之际，务必要恭谨敬事、谦虚谨慎、战战兢兢、如履薄冰，只有这样，才能免除祸患、纳福享乐、长保荣显。

陆 逊

陆逊（183~245），本名陆议，字伯言，吴郡吴县（今江苏苏州）人。三国时期著名政治家、军事家，历任吴国大都督、上大将军、丞相，是吴主孙权之兄孙策的女婿，“东吴四英杰”之一。陆逊出身江东大族，其祖父陆纡官至城门校尉（掌京师城门屯兵），父亲陆骏任九江都尉。陆逊在东吴出将入相，此后卷入立嗣之争，力保太子孙和而累受孙权责罚，忧愤而死，葬于苏州。

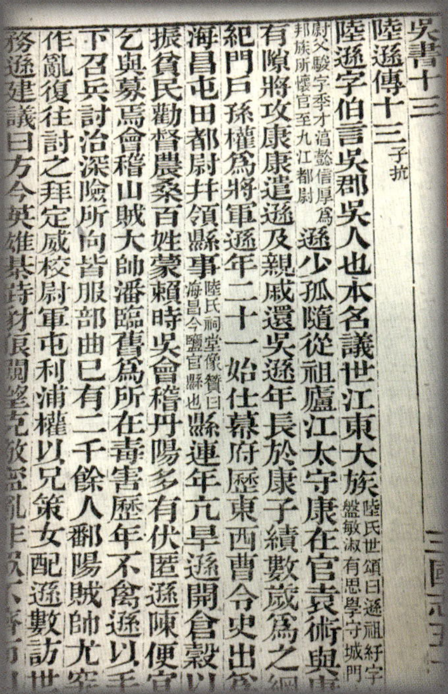
吳書十三
陸遜傳十三
陸遜字伯言吳郡吳人也本名議世江東大族（陸氏世頌曰遜祖紆字盤敏淑有思學守城門尉父駿字季才淳懿信厚爲邦族所懷官至九江都尉）遜少孤隨從祖廬江太守康在官袁術與康有隙將攻康康遣遜及親戚還吳遜年長於康子績數歲爲之綱紀門戶孫權爲將軍遜年二十一始仕幕府歷東西曹令史出爲海昌屯田都尉幷領縣事（陸氏祠堂像贊曰海昌今鹽官縣也）縣連年亢旱遜開倉穀以振貧民勸督農桑百姓蒙賴時吳會稽丹陽多有伏匿遜陳便宜乞與募焉會稽山賊大帥潘臨舊爲所在毒害歷年不禽遜以手下召兵討治深險所向皆服部曲已有二千餘人鄱陽賊帥尤突作亂復往討之拜定威校尉軍屯利浦權以兄策女配遜數訪世務遜建議曰方今英雄棊跱豺狼闚望克敵寧亂

《三国志·吴书十三·陆逊传》

【家训节选】

先是，二宫并阙[1]，中外职司，多遣子弟给侍[2]。全琮[3]报逊，逊以为子弟苟有才，不忧不用，不宜私出以要荣利；若其不佳，终为取祸。且闻二宫势敌，必有彼此，此古人之厚忌也。琮子寄[4]，果阿附鲁王，轻为交构。逊书与琮曰："卿不师日磾[5]，而宿留[6]阿寄，终为足下门户致祸矣。"琮既不纳，更以致隙[7]。

——《三国志·吴书十三·陆逊传》

【注释】

①二宫并阙：公元242年，因原太子孙登已去世，孙权立三子孙和为太子，立四子孙霸为鲁王。此后近十年内，孙权渐宠鲁王，而太子失宠，鲁王渐有夺嫡之意，朝臣分为太子、鲁王二党，互相攻讦，是谓"二宫并阙"。

②给侍：服事；侍奉。

③全琮：字子璜，吴郡钱唐（今浙江杭州）人，三国时东吴的重要将领，为人谦恭而有谋，常以国家为重。妻子为孙权的长女孙鲁班。先后拜封为阳华亭侯和钱塘侯，官至右大司马、左军师。

④寄：全寄，全琮次子，与吴安、孙奇、杨竺等暗中同为孙霸支党，图危太子孙和。赤乌十三年（250），孙和被废，孙霸赐死，全寄也坐罪赐死。

⑤日磾：金日磾，匈奴休屠王太子，汉武帝的托孤大臣。金日磾有二子，武帝很喜爱，时常留在身边嬉戏。由于长子放荡不羁，和宫女嬉戏，被日磾亲手杀死，武帝对日磾敬重有加。

⑥宿留：容忍。

⑦致隙：产生裂痕。

【评析】

在这段简单的文字中，陆逊明确指出，子弟如果真具备才干，是不怕无用武之地的，无须为之奔走打点；相反，如果子弟没有才干，却千方百计地为之呼吁奔波、邀名取利，只会适得其反，最终招来迫害和厄运。陆逊身为"东吴四英杰"之一，且世为江东大族，这种不为子孙后代求取一官半职的作风，确实难能可贵，值得后人追忆和敬仰。

颜延之

颜延之（381~456），字延年，祖籍琅邪临沂（今山东临沂），出身世族大家，南朝宋文学家。

颜延之少孤贫，居陋室，好读书，无所不览，文章之美，冠绝当时，为“元嘉三大家”之一，与谢灵运并称“颜谢”。

元嘉十一年（公元434年），颜延之免官之后，迁居建康（今江苏南京）长干里颜家巷七载。《宋书》本传记载：“闲居无事，为《庭诰》之文。”此时的颜延之已五十余岁，历经宦海沉浮，他写道：“《庭诰》者，施于闺庭之内，谓不远也。吾年居秋方，虑先草木，故遽以未闻，诰尔在庭。”这两句话点明了《庭诰》的性质与写作目的。在《庭诰》中，颜延之从自己的切身经历出发，娓娓而谈，道出了许多处世道理，字里行间流露出对子弟的殷切希望。

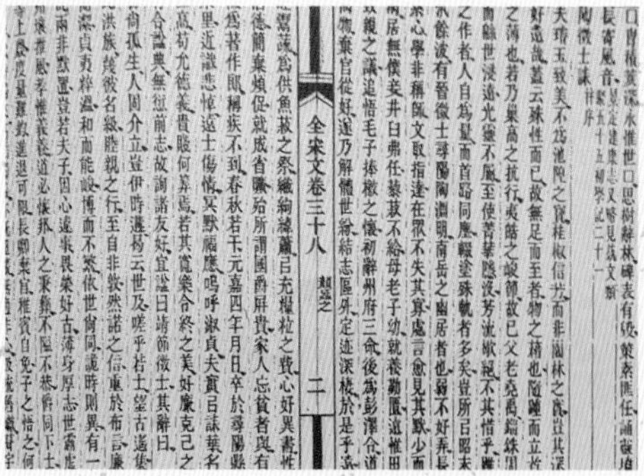
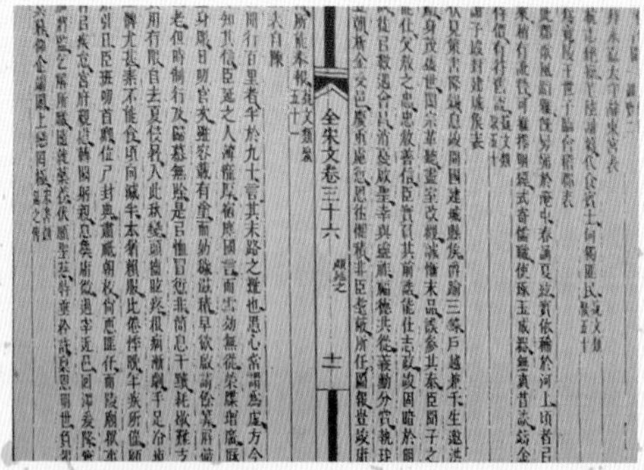

《续修四库全书》中选录了颜延之的作品

【家训节选一】

曰身行不足，遗之后人，欲求子孝①必先慈②，将责弟悌③务为友。虽孝不待慈，而慈固植孝；悌非期友，而友亦立悌。夫和之不备，或应以不和；犹信不足焉，必有不信。傥知恩意相生，情理相出，可使家有参④、柴⑤，人皆由⑥、损⑦。

——《庭诰》

【注释】

①孝：子女对父母的伦理义务，子女应尽心奉养和尊敬父母。

②慈：父母对子女的伦理规范，父母应以慈育儿。

③悌：弟弟对兄长的伦理要求，应敬爱兄长。

④参：曾参，字子舆，春秋末鲁国人，儒家学派的主要代表人物之一，孔子弟子，勤奋好学，世称“曾子”，有“宗圣”之称。

⑤柴：高柴，字子羔，又称“子皋”“子高”“季高”“季皋”“季子皋”，春秋末卫国人。一说是齐国人。为人憨厚忠直，以尊老孝亲著称。

⑥由：仲由，字子路，又字季路，春秋末鲁国人，“孔门十哲”之一，曾跟随孔子周游列国。

⑦损：闵子骞，名损，字子骞，春秋末鲁国人，在孔门中以德行与颜回并称，为“七十二贤”之一。

【评析】

孝敬父母、尊敬兄长是儒家最为看重的家庭伦理，所谓“孝悌，为仁之本”，但颜延之却明确指出，孝悌之道不是单方面的伦理规定，不能只片面地要求子孝父、弟恭兄，而是“欲求子孝必先慈，将责弟悌务为友”，提醒家中长辈、父兄，要以身作则，首先自己要慈爱子女、友爱弟弟，这样，晚辈和年幼者才能更好地做到“孝”和“悌”。不仅子孝、弟恭，而且更须父慈、兄友，如此才能增进父子兄弟之间的亲情，构建和谐上进、和睦融洽、温馨友爱的家庭氛围。

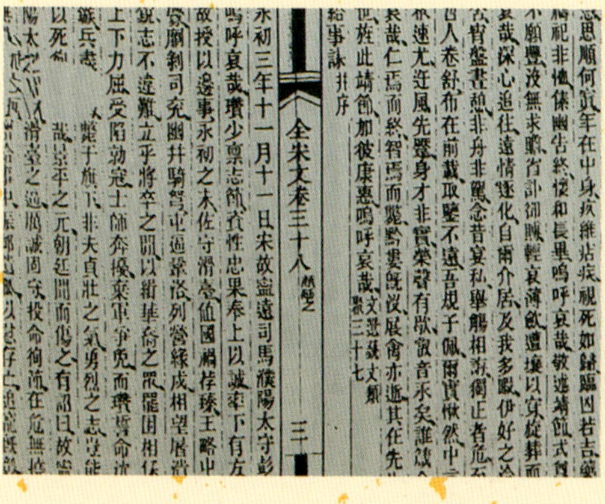

《续修四库全书》中选录了颜延之的作品

【家训节选二】

游道虽广，交义[1]为长。得在可久，失在轻绝。久由相敬，绝由相狎[2]。爱之勿劳，当扶其正性，忠而勿诲，必藏其枉情[3]。辅以艺业，会以文辞，使亲不可亵[4]，疏不可间[5]，每存大德，无挟小怨。率此往也，足以相终。

——《庭诰》

【注释】

①交义：结交义友。

②狎：亲近而态度不庄重。

③枉情：邪念。

④亵：轻慢，亲近而不庄重。

⑤间：挑拨，离间。

【评析】

交友作为“五伦”之一，是古代家训文献中不可或缺的内容。在交友问题上，颜延之主张选择与有仁德的人相处。他认为，与朋友相交时，应该相互尊重，这样友谊才能长久；但若过于亲密，友谊往往会断绝。交友有道，对待朋友要敢于直言，要彼此规劝向善；要相互敬重，不可过分亲密，应保持适当距离；要常念及对方的大节德操，不要过于计较其小的缺点不足，如此，友谊方能地久天长。

【家训节选三】

古人耻以身为溪壑[1]者，屏[2]欲之谓也。欲者，性之烦浊，气之蒿蒸[3]，故其为害，则熏心智，耗真情，伤人和，犯天性。虽生必有之，而生之德，犹火含烟而烟妨火，桂怀蠹[4]而蠹残桂。然则火胜则烟灭，蠹壮则桂折。故性明者[5]欲简，嗜繁者[6]气昏，去明即昏，难以生矣。

——《庭诰》

【注释】

①溪壑：溪谷。亦借喻难以满足的贪欲。

②屏：抛弃，废除。

③蒿蒸：蒸腾貌。

④蠹：蛀蚀器物的虫子。

⑤性明者：明达之人。

⑥嗜繁者：嗜欲繁重之人。

【评析】

欲望是人生而具有的，但欲望过多过强，便会伤害人的身体和性命。如何调理和驯服强劲的欲望成为许多学派、宗教的头等大事。颜延之认识到欲望是人与生俱来的，但同时指出过多的欲望有害身体，导致人败坏心性、耗损精神，伤害人心的平静，破坏人的天性。颜延之建议子弟通过修身、明性来抑制自己的欲望，成为明达之士。颜延之的这一主张固然受到当时玄学家“寡欲”之说的影响，但他主张的节欲是以实现“中和”为目的的，而不是绝对的禁欲，这显然是儒家的态度。

【家训节选四】

喜怒者有性所不能无，常起于褊量[①]，而止于弘识[②]。然喜过则不重，怒过则不威，能以恬漠[③]为体，宽愉为器者，则为大喜荡心，微抑则定，甚怒烦性，小忍即歇。动无愆[④]容，举无失度，则物将自悬，人将自止。

——《庭诰》

【注释】

①褊量：度量狭小。褊，狭窄。

②弘识：量弘识高，形容人气量大，见识高远。

③恬漠：恬静淡漠。

④愆：罪过，过失。

【评析】

喜怒之情属人之常情，不可能没有，但可以调节。颜延之从儒家“中和”观念出发，认为喜怒之情虽人人皆有，但为了不至于丢失风度和节仪，喜怒之情的表现须恰到好处。这便是恬淡心态，便是调理喜怒之情所要达到的“中和”之境。

【家训节选五】

习之所变亦大矣，岂唯蒸性[1]染身，乃将移智易虑。故曰：“与善人居，如入芝兰[2]之室，久而不知其芬”，与之化矣。“与不善人居，如入鲍鱼之肆[3]，久而不知其臭”，与之变矣。是以古人慎所与处。

——《庭诰》

【注释】

①蒸性：形容改变人的性情。

②芝兰：蕙芷的简称，古时比喻德行的高尚或友情、环境的美好等。语出汉刘向《说苑·杂言》。

③鲍鱼之肆：卖渍鱼的店铺叫鲍鱼之肆，比喻小人集聚的地方。鲍鱼即渍鱼，有腥臭；肆，店铺。

【评析】

《论语》中孔子曾说过：“益者三友，损者三友。”人应当尽量与有益于自己的人交往，而避免与损害自己的人相处。与什么样的人交往，对每一个人的成长至关重要。与人交往，必须慎重拣择。南宋大儒朱熹曾说：“泛交而不择，取祸之道。”颜延之在此同样指出，必须谨慎地选择相处之人，交往一个好朋友就如进入种满兰花的房间，时间久了，满身皆香；而交往一个坏朋友则如进入卖咸鱼的店铺，时间长了，满身臭味。

刘义隆

刘义隆（407~453），小字车儿，彭城（今江苏徐州）人，生于京口（今江苏镇江），南朝宋王朝的第三位皇帝，宋武帝刘裕第三子，公元424年即位，在位三十年，年号“元嘉”，谥号“文皇帝”，庙号“太祖”。宋文帝刘义隆具有较高的学术文化素养，《宋书·文帝纪》载其“博涉经史”。他对经史学术颇为重视，曾创设儒学馆、玄学馆、史学馆与文学馆，有文集十卷，今散佚。宋文帝有子十九人，有弟江夏王刘义恭等，相比南朝宋王朝其他君主，他在位时间较长，对皇族子弟的教育也比较重视。

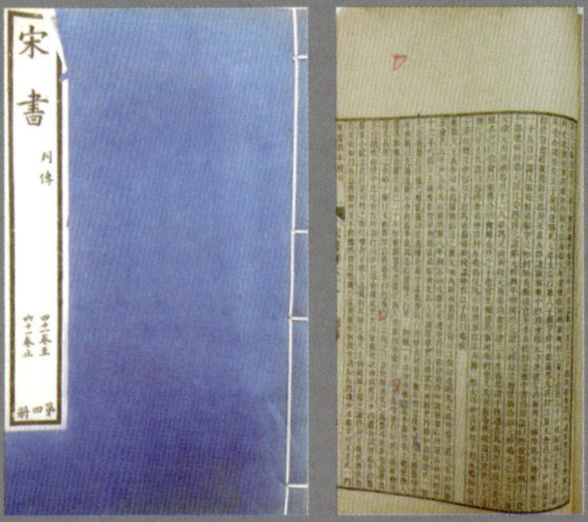

《宋书》中记载了刘义隆的事迹

【家训节选一】

汝[1]以弱冠[2]，便亲方任[3]。天下艰难，家国事重，虽曰守成[4]，实亦未易。隆替安危，在吾曹[5]耳，岂可不感寻王业，大惧负荷。今既分张[6]，言集无日，无由复得动相规诲，宜深自砥砺[7]，思而后行。开布诚心，厝怀[8]平当，亲礼国士[9]，友接佳流，识别贤愚，鉴察邪正，然后能尽君子之心，收小人之力。

汝神意爽悟，有日新之美，而进德修业，未有可称，吾所以恨之而不能已已者也。汝性褊急[10]，袁太妃[11]亦说如此。性之所滞，其欲必行，意所不在，从物回改[12]，此最弊事。宜应慨然立志，念自裁抑。

——《宋书·武三王·江夏文献王义恭传》

【注释】

①汝：你，指刘义恭，南朝宋武帝刘裕第五子，二十岁时，封江夏王，进位司空。宋孝武帝即位时，授太尉，录尚书事。前废帝刘子业狂悖无道，刘义恭欲谋废立，事败被害。宋明帝即位，追谥文献。著有文集十一卷，行于世。

②弱冠：古人二十岁行冠礼，以示成年，但体犹未壮，还比较年少，故称“弱”。冠，帽子，指代成年。

③方任：一方的重任，指地方长官的职位。

④守成：保持前人创下的成就和业绩。语出《诗经·大雅·凫鹥》中的“太平之君子，能持盈守成，神祇祖考安乐之也”。

江蘇好家訓

⑤吾曹：我辈，我们。

⑥分张：分散，散布。

⑦砥砺：磨刀石，延伸为磨炼。

⑧厝怀：关心，注意。

⑨国士：本指勇力冠于全国的人，后引申指一国中才能最优秀的人物。

⑩褊急：气量狭小，性情急躁。

⑪袁太妃：刘义恭的亲生母亲。

⑫从物回改：被物欲牵着，随意改弦更张。

【评析】

宋文帝仿效当时士族家诫之风气，极为重视对诸弟的规诫训导，以期改变皇族之门风。此封家书涉及德行修养、为政之道和日常生活等方面。刘义恭为刘裕第五子，俊秀聪颖，深受宠爱，被封为江夏王，后出为都督八州诸军事、荆州刺史。宋文帝念其性情骄奢、乖戾，毫不客气地指明刘义恭“进德修业，未有可称”，而且告诫他为人要力戒骄矜褊狭，要礼贤下士，希望他能“慨然立志，念自裁抑”。家书言辞恳切，其教导、训诫之情溢于言表。

【家训节选二】

西楚[1]殷旷，常宜早起，接对宾侣[2]，勿使留滞。判急务讫[3]，然后可入问讯，既睹颜色，审起居，便应即出，不须久停，以废庶事也。……凡讯狱多决，当时难可逆虑，此实为难，汝复不习，殊当未有次第。讯前一二日，取讯簿密与刘湛[4]辈共详，大不同也。至讯日，虚怀博尽，慎无以喜怒加人。能择善者而从之，美自归己。不可专意自决，以矜[5]独断之明也。……声乐嬉游，不宜令过，蒱[6]酒渔猎，一切勿为。供用奉身，皆有节度，奇服异器，不宜兴长。

——《宋书·武三王·江夏文献王义恭传》

【注释】

①西楚：《史记·货殖列传》记载，"夫自淮北沛、陈、汝南、南郡，此西楚也。彭城以东，东海、吴、广陵，此东楚也。衡山、九江、江南、豫章、长沙，是南楚也"。故彭城以西可称西楚，彭城以东可称东楚。这里是指元嘉六年（429）刘义恭都督荆、湘、雍、益、梁、宁、南秦、北秦八州诸军事。

②宾侣：宾客朋友。

③判急务讫：紧急的事务要及时处理。

④刘湛：字弘仁，南阳涅阳（今河南邓县）人，是建立南朝宋王朝的功臣之一。因结交彭城王刘义康，更图让刘义康继位，终为文帝所诛。

⑤矜：自尊、自大、自夸。

⑥蒱：樗蒱，也作樗蒲，古代的一种游戏，像后代的掷色子。

【评析】

宋文帝谆谆告诫其弟刘义恭一定要勤于政事，妥善处理好与僚属的关系，从善如流，善于体察下情，多与下属沟通接触，多听多看，提升自己的从政能力，而且特别提醒其不可过分奢侈，力戒赌博、酗酒、狩猎之事，注意节俭。自宋武帝刘裕主政以来，便大力提倡节俭，宋文帝是延续其父之陈规，这可看作刘宋皇族之门风传统。但实际上，受当时士族生活奢靡风气的影响，宋元嘉中后期，宋文帝喜游幸，刘义恭生活极为奢侈，其他皇族子弟也存在不同程度的骄奢淫逸。这篇书信从修身做人谈起，涉及生活为政的方方面面，用词淳朴流畅，不假修饰，说理论辩清楚透彻，情真意切，既不失帝王之威严，更多的是兄长式的谆谆教诲和劝谕，饱含手足亲情，读后令人难忘。

萧 嶷

萧嶷（444~492），南北朝时期南齐高帝萧道成第二子，字宣俨。先后任尚书左户郎、钱塘令、大司马等职，封豫章王。他宽仁弘雅，不乐闻人过失，有大成之量，深受萧道成喜爱。萧嶷有儿子萧子廉、萧子恪等。萧嶷很注重对他们的教导和劝诫。

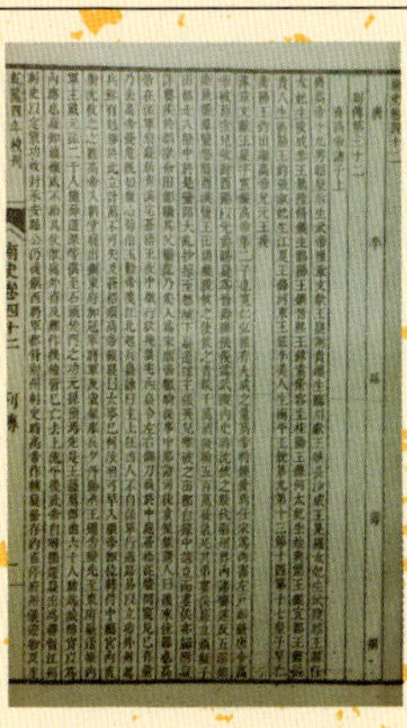

《南史·豫章文献王嶷》

【家训节选一】

凡富贵少不骄奢[①]，以约失之者鲜[②]矣。汉世以来，侯王子弟，以骄恣[③]之故，大者灭身丧族，小者削夺邑地[④]，可不戒哉！

——《南史·豫章文献王嶷》

【注释】

①骄奢：品性行为骄纵奢侈。

②以约失之者鲜：语出《论语·里仁》。本意是以礼约束自己，过错就会很少，这里指人应当节俭处世，这样过错就会很少。

③骄恣：骄傲放纵。

④邑地：古代诸侯分封给卿大夫的土地，也叫采邑、食邑。

【评析】

皇族子弟的生活极容易奢靡，萧嶷总结两汉以来侯王子弟丧身灭族的教训，告诫诸子万不可奢侈骄纵。皇室子弟骄奢的祸害如此之大，后人定要以此为鉴，厉行节俭，反对铺张浪费，力戒生活奢靡虚华。

【家训节选二】

吾无[1]后，当共相勉励，笃睦为先。才有优劣，位有通塞，运有富贫，此自然理，无足以相陵侮[2]。……勤学行，守基业，治闺庭[3]，尚闲素[4]，如此足无忧患。圣主储皇[5]及诸亲贤，亦当不以吾没易情也。三日施灵[6]，唯香火、盘水、干饭[7]、酒脯[8]、槟榔[9]而已。朔望[10]菜食一盘，加以甘果，此外悉省。葬后除灵，可施吾常所乘舆[11]扇伞。朔望时节，席地香火、盘水、酒脯、干饭、槟榔便足。……棺器及墓中勿用余物为后患也。朝服之外，唯下铁环刀一口。作冢勿令深，一一依格，莫过度也。后堂楼可安佛，供养外国二僧，余皆如旧。与汝游戏后堂船乘，吾所乘牛马，送二宫[12]及司徒。服饰衣裘，悉为功德。

——《南史·豫章文献王嶷》

江蘇好家訓

【注释】

①无：通“殁”，指去世。

②陵侮：通“凌侮”，欺凌侮辱。

③闺庭：家庭。

④闲素：悠闲淳朴。

⑤储皇：皇太子。

⑥施灵：设置灵堂。

⑦干饭：蒸大米饭，无水。
⑧酒脯：酒和干肉，后亦泛指酒肴。
⑨槟榔：槟榔的成熟种子。
⑩朔望：农历每月初一和十五。
⑪乘舆：古代特指天子和诸侯所乘坐的车。
⑫二宫：指皇帝和太子。

【评析】

南兰陵（今江苏常州）萧氏本来是两晋之际迁移江东的寒门，此门家族的特点是尚武轻文，与建立刘宋的彭城刘氏同为北来的“次等士族”，但萧齐王朝的开创者及其子弟开始认识到必须将其门风由“尚武”转为“重文”。在这篇临终遗言中，萧嶷先是嘱托弟子要孝亲和睦，勤学读书，淳朴持家；接着详细地规划自己的丧葬诸细节，主旨皆是俭朴与节约。一位出身帝王之家的王子能有这般见识和豁达，也是难能可贵的。

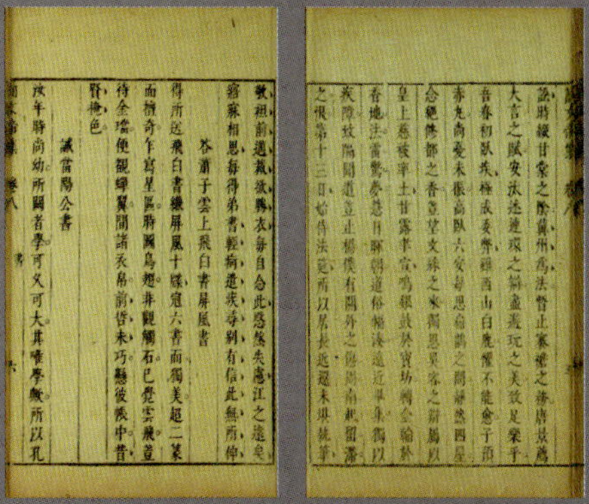
答蕭子雲上飛白書屏風書
誡當陽公書
汝年時尚幼所闕者學可久可大其唯學歟所以孔

《梁简文帝集》

萧　纲

梁简文帝萧纲（503~551），字世缵，南兰陵（今江苏常州）人，南朝梁武帝萧衍第三子，昭明太子萧统的同母弟。萧统死后，萧纲被立为太子，“侯景之乱”中被迫退位。梁元帝萧绎即位后，追谥为简文皇帝，庙号太宗。萧纲极为重视对诸王子的教育，明人所辑的《梁简文帝集》载有他的《诫当阳公大心书》，大心为萧纲次子，以皇孙封当阳县令。

【家训节选】

汝年时尚幼，所阙者学，可久可大，其唯学欤，所以孔丘[1]言：“吾尝终日不食，终夜不寝，以思，无益，不如学也”。若使墙面而立[2]，沐猴而冠[3]，吾所不取。立身之道，与文章异，立身先须谨重，文章且须放荡。

——《诫当阳公大心书》

【注释】

①孔丘：孔子（前551～前479），名丘，字仲尼，祖籍宋国栗邑（今河南商丘），出生于鲁国陬邑（今山东曲阜），春秋时期著名的思想家和教育家，儒家学派的创始人。

②墙面而立：指面对墙壁，目无所见，比喻不学无术。亦作“面墙而立”。

③沐猴而冠：猴子穿衣戴帽，究竟不是真人。比喻虚有其表，形同傀儡。猴，猕猴；冠，戴帽子。

【评析】

梁朝帝王极为用心，力图改变出身行伍的寒族身份，通过重视读书学习，努力达到当时世家大族拥有的较高的文化素养。在这篇训诫文字中，梁简文帝萧纲谆谆告诫儿子，一定要趁着年轻，勤于读书学习，千万不可虚度光阴，以至沦落为目不识丁、徒有其表、不学无术之人。

萧　绎

梁元帝萧绎（508~554），字世诚，南兰陵人，南朝梁武帝第七子。史书记载他从小酷爱读书，长大后博览群书。天正元年（552）在江陵（今湖北荆州）即位称帝。在江陵城破之时，萧绎愤而“命舍人高善宝焚古今图书十四万卷（一说七万卷）”，有人问他“何意焚书？”他说：“读书万卷，犹有今日，故焚之。”

《梁书·本纪》称萧绎博览群书，著述词章，多行于世。其在藩时，尝自号“金楼子”，因以名书，有《兴王》《戒子》《后妃》《捷对》等篇。《戒子》共约两千两百字，却引用了二十多段名人名言，可见其读书之广博。南朝颇重门第，门第之高低与家族文化传统以及家法门风关系极大。萧氏皇族文化家风之厚重，可见一斑。萧绎与其父萧衍，其兄萧统、萧纲并称“四萧”，萧氏父子四人，史称“一门能文”“人人有集”。

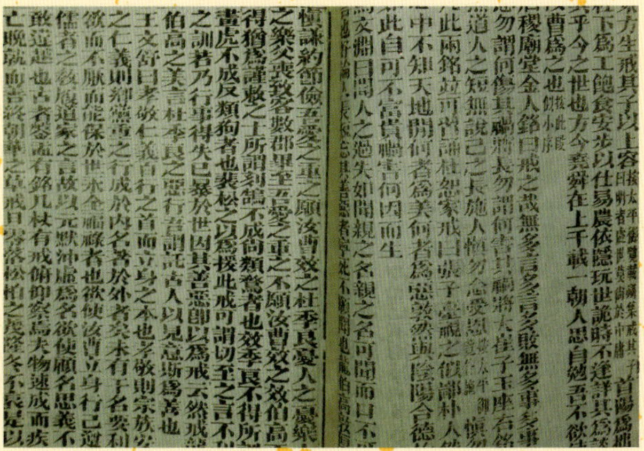

《金楼子》

【家训节选一】

王文舒[①]曰："孝敬仁义，百行之首，而立身之本也。孝敬则宗族安之，仁义则乡党重之。行成于内，名著于外者矣。未有干名要利[②]，欲而不厌，而能保于世，永全福禄者也。欲使汝曹立身行己，遵儒者[③]之教，履道家[④]之言，故以元默冲虚为名，欲使顾名思义，不敢违越也。古者盘、盂[⑤]有铭，几、杖[⑥]有戒，俯仰察焉。夫物速成而疾亡，晚就而善终。朝华之草，戒旦[⑦]零落；松柏之茂，隆冬不衰。是以大雅君子恶速成，戒阙党[⑧]也。夫人有善，鲜不自伐；有能，寡不自矜。伐则掩人，矜则陵人。掩人者人亦掩之，陵人者人亦陵之也。"

——《金楼子·戒子》

【注释】

①王文舒：王昶，字文舒，太原郡晋阳县（今山西太原）人。三国时期曹魏大臣、将领。少时知名，初为曹丕的文学侍从；伐吴之后，升任征南大将军；在诸葛诞叛乱中，因牵制吴军之功升任司空。死后谥号"穆侯"。著有《治论》《兵书》等数十篇论著。

②干名要利：求取名位，邀取利益。

③儒者：尊崇儒学、通习儒家经书的人，汉代以后泛指一般读书人。

④道家：信奉老庄等道家学说的哲学学派。

⑤盘、盂：盘，古代的一种盥洗用具；盂，盛液体的敞口器具。

⑥几、杖：几，小或矮的桌子；杖，手杖。

⑦戒旦：黎明。

⑧阙党：阙里，语出《论语·宪问》：“阙党童子将命。或问之曰：‘益者与？’子曰：‘吾见其居于位也，见其与先生并行也。非求益者也，欲速成者也。’”

【评析】

萧绎采录王文舒《家戒》中“孝敬仁义”和“元默冲虚”的教导，首先指明孝敬父母、有仁有义不仅是家族安定、长久持存的保障，也是修习好品行、获得好名声的根本；其次提醒子弟定要谦虚谨慎，学习道家的谦和静默，万不可傲慢轻狂，也无须急于求成，应当慢慢培养好品性。

【家训节选二】

向朗[1]遗言戒子曰："今但贫耳；贫非人患，惟和为贵。汝其勉之！"以为深戒。酒酌[2]之设，可乐而不可嗜。声乐之会，可简而不可违。淫华怪饰，奇服丽食，慎毋为也。

——《金楼子·戒子》

【注释】

①向朗：字巨达，襄阳郡宜城县（今湖北宜城）人，三国时期蜀汉官员、藏书家、学者，有《遗言戒子》收录于《全三国文》。

②酌：斟酒、饮酒。

【评析】

萧绎在此录用三国时向朗戒子之言，希望子弟也要谨记这些训诫，不要为贫穷忧愁，定要做到为人和善可亲；饮酒宴享之类的事情，可以偶尔享受，但万不可沉迷，万不可奢靡；对于那些奇装异服、珍奇美馔，万不可讲究追求，应当崇尚节俭朴素。

【家训节选三】

曾子曰："狎甚则相简[1]，庄甚则不亲。是故君子之狎足以交欢，其庄足以成礼也。"

——《金楼子·戒子》

【注释】

①简：捐弃。

【评析】

君子之交淡如水。萧绎在此引用曾子的话，指明朋友之间的交往需要把握好分寸，如过于亲密或者过于庄重，都很难保持长久的友谊和深厚的情谊。

江蘇好家訓

《南史》中记载了徐勉的事迹

徐 勉

徐勉（466~535），字修仁。南北朝时期南梁文学家、官吏。幼年孤贫，品行高洁，时人称之为“人中骐骥”。梁武帝时任中书侍郎、侍中、左仆射中书令等职，但他“虽居显职，不营产业，家无蓄积，俸禄分赡亲族之贫乏者”。在《为书诫子崧》中，徐勉指出，“吾家世清廉”，所以“常居贫素”，不去经营产业之事，唯有官禄持家，叮嘱子孙后代以“清白”传家。

【家训节选一】

遗子黄金满籝[1]，不如一经。详求此言，信非徒语。吾虽不敏，实有本志，庶得遵奉斯义，不敢坠失。所以显贵以来，将三十载，门人故旧[2]亟荐便宜[3]，或使创辟田园，或劝兴立邸店[4]，又欲舳舻[5]运致，亦令货殖聚敛。若此事众，皆距而不纳，非谓拔葵去织[6]，且欲省息纷纭。

——《为书诫子崧》

【注释】

①籝：竹笼。

②门人故旧：门生和老友。

③便宜：好处。

④邸店：借指做生意。邸，原是指堆放货物的货栈；店，原是指沽卖货物的场所。

⑤舳舻：指首尾衔接的船只，借指运输。

⑥拔葵去织：此处意谓拔掉自家栽培的冬葵，去掉自家从事的纺织。比喻为官者不与民争利。葵，冬葵，称“百菜之主”，是一种重要的蔬菜；织，纺织。种葵、纺织是老百姓借以谋生的两种工作。

【评析】

天下父母都爱自己的子女，都千方百计地想留下些东西给子女。徐勉指出，自己留给孩子们的是书籍而非金银财宝，因为即便父母再有钱，如果子孙后人不求长进，又有什么用呢？钱总有用完的一天，到那时，如果孩子一无所长，什么也不会干，反而会害了他们。而书中自有众多做人、做事的道理，这才是取之不竭的财富。

【家训节选二】

古往今来，豪富继踵[1]，高门甲第，连闼[2]洞房[3]，宛[4]其死矣，定是谁室？……且释氏之教，以财物谓之外命，儒典亦称“何以聚人？曰财”[5]。况汝曹常情，安得忘此？闻汝所买姑孰[6]田地，甚为舄卤[7]，弥复可安。所以如此，非物竞故也。虽事异寝丘[8]，聊可仿佛。孔子曰：“居家理，治可移于官”[9]。既已营之，宜使成立，进退两亡，更贻耻笑。若有所收获，汝可自分赡内外大小，宜令得所，非吾所知，又复应沾之诸女耳。汝既居长，故有此及。凡为人长，殊复不易，当使中外谐缉[10]，人无间言，先物后己，然后可贵。老生云：后其身而身先。[11]若能尔者，更招巨利，汝当自勖[12]，见贤思齐，不宜忽略，以弃日[13]也。弃日乃是弃身，身名美恶，岂不大哉？可不慎欤？

——《为书诫子崧》

【注释】

①继踵：接踵，指脚紧跟着脚。形容人很多。

②闼：门扇。

③洞房：深邃的内室。

④宛：“苑”的假借字，萎死貌。

⑤语出《周易·系辞下》。

⑥姑孰：今安徽省马鞍山市当涂县。

⑦舄卤：含有过多盐碱成分不适于耕种的土地。

⑧寝丘：陵寝之丘。古地名，在今河南沈丘东南一带。

⑨语出《孝经》。

⑩谐缉：指协调一致。

⑪语出《老子》。

⑫勖：勉励。

⑬弃日：耗费时日，虚度光阴。

【评析】

佛家和儒家都有这样的教导，认为钱财乃身外之物，不可对其执着有贪念。徐勉也以此教导自己的儿子。当他得知儿子在姑孰县购置薄地一份，便训导儿子当兢兢业业地打理好这份家产，经营好这份家业，目的是可以散财给其他家人，救助和接济家中老小；提醒他身为家中长子，务必做到公平合理、先人后己，如此一家人才能温饱无忧、和睦融洽。

【家训节选三】

自兹以后，吾不复言及田事[1]，汝亦勿复与吾言之。假使尧水汤旱[2]，吾岂知如何？若其满庾[3]盈箱，尔之幸遇，如斯之事，并无俟令吾知也。记云：夫孝者，善继人之志，善述人之事。[4]今且望汝全吾此志，则无所恨矣。

——《为书诫子崧》

【注释】

①田事：犹指农事。

②尧水汤旱：典出《汉书·食货志》："尧、禹有九年之水，汤有七年之旱。"

③庾：露天的谷仓。

④语出《中庸》，意思是说真正的孝顺，是继续努力完成父辈未竟的事业，尽力把父辈的嘉言懿行传播出去，让天下人知晓。

【评析】

徐勉指出，人的富贵贫穷是无常的，遇到什么样的年景，纯属机缘巧合，人力无法安排，因此无须浪费太多的心思和精力在这些事情上，相反要在继承父辈的志向上用尽心力，努力做到"善继人之志，善述人之事"。其豁达之见识溢于言表，对子弟的殷切期盼也是历历可见。

颜之推

颜之推（531~约591），字介，南北朝时南齐治书御史（亦称持书御史，负责处理文书）颜见远之孙、南梁咨议参军颜协之子。原籍琅琊郡临沂县（今山东临沂），世居建康（今江苏南京）。

颜之推一生历仕四朝，“三为亡国之人”，行踪遍及江南、河北、关中，饱尝离乱之苦。他本着“务先王之道，绍家业之业”的宗旨，结合自己的人生经历、处世哲学，写成《颜氏家训》一书，共二十篇。

《颜氏家训》是我国第一部系统的家庭教育全书。家训教导子孙如何读书治学、经世致用、立身处世、为官从政。清人王钺在其《读书丛残》中就说“凡为人子弟者，可家置一册，奉为明训，不独颜氏”。后世称此书为“家训规范”“古今家训之祖”。

颜之推世居建康（今江苏南京）（曹庆春提供）

【家训节选一】

古者，圣王有胎教之法：怀子三月，出居别宫，目不邪视，耳不妄听，音声滋味，以礼节之。[①]书之玉版[②]，藏诸金匮[③]。子生咳提[④]，师保[⑤]固明，孝仁礼义，导习之矣。凡庶纵不能尔，当及婴稚[⑥]，识人颜色，知人喜怒，便加教诲，使为则为，使止则止。比及数岁，可省笞[⑦]罚。父母威严而有慈，则子女畏慎而生孝矣。吾见世间，无教而有爱，每不能然；饮食运为[⑧]，恣其所欲，宜诫反奖[⑨]，应诃反笑[⑩]，至有识知，谓法当尔。骄慢已习，方复制之，捶挞至死而无威，忿怒日隆而增怨，逮于成长，终为败德。孔子云："少成若天性,习惯如自然"是也。俗谚曰："教妇初来，教儿婴孩。"诚哉斯语！凡人不能教子女者，亦非欲陷其罪恶，但重于诃怒，伤其颜色，不忍楚挞惨其肌肤耳。当以疾病为谕，安得不用汤药针艾救之哉？又宜思勤督训者，可愿苛虐于骨肉乎？诚不得已也。

——《颜氏家训·教子第二》

【注释】

①语出《大戴礼·保傅篇》。节，约束，限制。

②玉版：亦作"玉板"，指珍贵的典籍。

③金匮：亦作"金柜"，铜制的柜，古时用以收藏文献或文物。

④咳提：幼小、幼年，一说孩提。

⑤师保：古时负责辅弼帝王和教导王室子弟的官，泛指老师。

⑥婴稚：幼年。

⑦笞：用竹杖、荆条打。

⑧运为：言论和行事。

⑨宜诫反奖：本该训诫却夸奖。

⑩应诃反笑：本该怒责却微笑。

【评析】

《左传·隐公三年》记载，石碏劝谏卫庄公时说："臣闻爱子，教之以义方，弗纳于邪。骄、奢、淫、泆，所自邪也。……夫宠而不骄，骄而能降，降而不憾，憾而能眕者，鲜矣。"意思是说，爱护子女，应当用正道去教导他们，而不应当容许他们有不正当的要求与行为。子女如果有骄横、奢侈、放荡、放纵的毛病，就自然会走上邪路。许多子女之所以有这四种毛病，完全是父母对他们娇惯溺爱的结果。《颜氏家训·教子第二》便承续这一"义方之教"的教育观念，认为儿童的早期教育非常重要。主张对于幼儿的教育，必须处理好教育和爱护的关系，父母对子女的教育应当威严而有爱，万不可因为子女幼小便一味溺爱和放任，不给他们树立做人行事的规矩。否则便会出现当时常见到的世人"无教而有爱"的情况，过分地溺爱，让孩子任性放纵，结果只会铸成大错。这类教子思想在后来的《三字经》之类的训蒙读物中也有进一步展示，比如"窦燕山，有义方。教五子，名俱扬"，宣扬的也是义方之教。

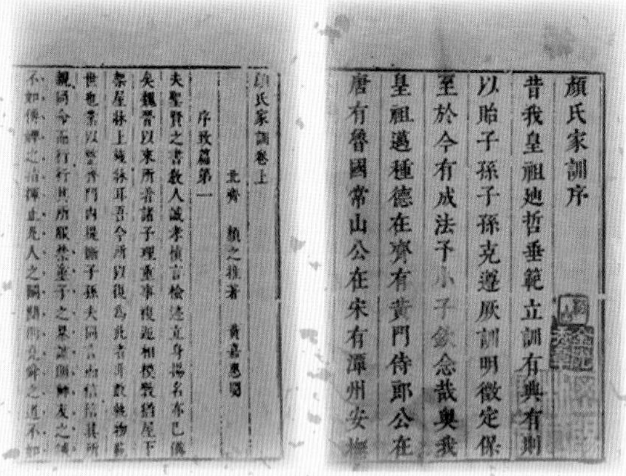
顏氏家訓卷上

北齊 顏之推 著

序致篇第一

顏氏家訓序

昔我皇祖廸哲垂範立訓有典有則以貽子孫子孫克遵厥訓明徵定保至於今有成法予小子欽念哉奥我皇祖邁種德在齊有黄門侍郎公在唐有魯國常山公在宋有潭州安撫

《颜氏家训》

【家训节选二】

兄弟者,分形连气[1]之人也。方其幼也,父母左提右挈[2],前襟后裾[3],食则同案,衣则传服[4],学则连业[5],游则共方[6],虽有悖乱之人,不能不相爱也。及其壮也,各妻其妻,各子其子,虽有笃厚之人,不能不少衰也。娣姒[7]之比兄弟,则疏薄矣;今使疏薄之人,而节量[8]亲厚之恩,犹方底而圆盖,必不合矣。惟友悌深至,不为旁人[9]之所移者,免夫!

……

兄弟不睦，则子侄不爱；子侄不爱，则群从疏薄；群从疏薄，则僮仆为仇敌矣。如此，则行路皆踖其面而蹈其心，谁救之哉？人或交天下之士，皆有欢爱，而失敬于兄者，何其能多而不能少也！人或将数万之师，得其死力，而失恩于弟者，何其能疏而不能亲也！

——《颜氏家训·兄弟第三》

【注释】

①连气：又称“同气”，指兄弟同为父母所生，气息相同相连。

②挈：提携。

③前襟后裾：指兄弟有的拉父母的衣前襟,有的牵父母的衣后摆。襟，上衣的前幅。裾,上衣的后幅。

④传服：指大的孩子穿过的衣服再给小的孩子穿。

⑤连业：指哥哥用过的经籍,弟弟又接着用。业,旧时书写经典的大版,引申为书本。

⑥共方：同去一个地方。

⑦娣姒：兄弟之妻互称，后称“妯娌”。

⑧节量：节制度量。

⑨旁人：别人，这里指妻子。

【评析】

兄友弟恭是儒家五伦中重要的一伦。兄弟和睦，对于维持一个家庭甚至一个家族的和谐美好、繁荣昌盛具有重大作用。传统中国大家庭兄弟众多，如何维护兄弟之间的感情是一项极为艰巨而且关键的任务。颜之推单列《兄弟第三》一篇，可见他对兄弟一伦的重视。颜氏认为，兄弟之情是除父母与子女之外最为深厚的一种感情，希望在彼此成家之后，还能保持这份美好的兄弟之情，不要被自己的妻子从中挑拨，致使兄弟之间出现嫌隙。

【家训节选三】

夫风化[①]者，自上而行于下者也，自先而施于后者也。是以[②]父不慈则子不孝，兄不友[③]则弟不恭，夫不义则妇不顺矣。父慈而子逆，兄友而弟傲，夫义而妇陵[④]，则天之凶民，乃刑戮之所摄[⑤]，非训导之所移也。

——《颜氏家训·治家第五》

【注释】

①风化：风俗，教化。

②是以：因此。

③友：友爱，亲近。

④陵：通"凌"，欺侮。

⑤摄：通"慑"，使人畏惧。

【评析】

儒家五伦中有父子、兄弟、夫妇三伦，均为家庭伦理关系。颜氏明确指出，在这三种伦理关系中起关键性作用的应该是父亲、兄长、丈夫，他们如果率先垂范，做出榜样，自上而下，树立良好的家风，自然而然地孩子就会孝顺父母，弟弟就会恭敬兄长，妇人就会顺从丈夫。这一见解与单向度的伦理要求，也就是片面强调子孝、妇顺与弟恭的观念是不同的。这里强调的是，长辈应该率先尽好自己的伦理义务，以身作则，这样的家庭教化才不会那么刻板僵硬，甚至会减少很多的家庭罪恶和悲剧的发生。

【家训节选四】

吾观《礼经》[1]，圣人之教：箕帚匕箸[2]，咳唾唯诺，执烛沃盥，皆有节文[3]，亦为至矣。但既残缺，非复全书；其有所不载，及世事变改者，学达君子，自为节度[4]，相承行之，故世号士大夫风操[5]。

——《颜氏家训·风操第六》

【注释】

①《礼经》：本指《仪礼》，因此处及下文所言均为《礼记·曲礼》和《礼记·内则》上的语意，故当指《礼记》。

②匕箸：勺、匙、筷子之类的取食用具。

③节文：节制修饰。

④节度：调度，权衡。

⑤风操：风度节操。

【评析】

《礼记·曲礼》与《礼记·内则》记载了许多家庭生活中的礼仪规矩，对子女晚辈如何侍奉父母舅姑都有详细的规定，这是士大夫之家应该遵守的风度礼节。颜之推也继承这一教化传统，认为讲究门风节操是君子必需的修行。

【家训节选五】

古人云："千载一圣，犹旦暮也；五百年一贤,犹比膊①也"，言圣贤之难得，疏阔如此。傥②遭不世③明达君子，安可不攀附景仰之乎?吾生于乱世，长于戎马，流离播越④，闻见已多；所值名贤，未尝不心醉魂迷⑤向慕之也。人在年少，神情未定，所与款狎，熏渍陶染⑥,言笑举动，无心于学，潜移暗化，自然似之；何况操履⑦艺能⑧，较明易习者也?是以与善人居，如入芝兰之室，久而自芳也；与恶人居，如入鲍鱼之肆，久而自臭也。墨子⑨悲于染丝,是之谓矣。君子必慎交游焉。孔子曰："无友不如己者"。颜、闵⑩之徒，何可世得!但优于我，便足贵之。

——《颜氏家训·慕贤第七》

【注释】

①比膊：肩膀挨着肩膀。言其多。

②傥：同“倘”，假如。

③不世：世上所少有。

④播越：意为流亡。

⑤心醉魂迷：形容仰慕之深。

⑥熏渍陶染：熏炙、渐渍、陶冶、濡染。

⑦操履：操守。

⑧艺能：技艺才能。

⑨墨子：(约前468~前376)，春秋末战国初的思想家、政治家，墨家学派的创始人。

⑩颜、闵：指颜回和闵损，孔子弟子中的杰出代表人物。

【评析】

渴慕学习贤人，乐于与贤人交往，是《颜氏家训·慕贤第七》的主旨。颜氏指出，一个人在年少的时候应该多接触有德行、有才华的君子，平日里一定要尊敬他们，并且努力向他们学习，这样，在潜移默化之中自己的性情会得到很好的陶冶，自己的学问会得到提高，自己的品行也会变得更加优良。在与贤人君子的相处交往中，自己也会不断长进，因此需要谨慎交友。

范仲淹画像

范仲淹

范仲淹（989~1052），字希文，大中祥符八年（1015）进士，官至参知政事。工于诗词散文，著有《范文正公集》。他的名篇《岳阳楼记》中的“先天下之忧而忧，后天下之乐而乐”流传千古。

范仲淹在中国传统家训史中的功绩是首设义庄以及对族人的教化。在范仲淹及其后代制订、续改的家训《义庄规矩》中可以看出，义庄设有义学，资助本族子弟读书、参加科举考试，“庶使诸房子弟知读书之美，有以激劝”。

除了对族人的资助和教化外，范仲淹治家极严，这在其《告诸子及弟侄》及《与中舍书》中有集中体现。他曾自豪地说自己教子有方，三个儿子“纯仁得其忠，纯礼得其静，纯粹得其略”。其二子范纯仁官至参知政事，相当于副宰相；三子范纯礼官至礼部尚书，沉毅刚正，为政宽仁；四子范纯粹历任知州，加龙图阁直学士，沉毅有干略。他们为官皆清正廉洁，崇尚风骨，颇有政声，不能不说是得益于父亲范仲淹的教诲。

【家训节选一】

逐房[1]计口给米，每口一升，并支白米[2]。如支糙米，即临时加折。

……

女使[3]有儿女在家及十五年、年五十岁以上，听给米。

冬衣每口一疋[4]，十岁以下、五岁以上各半疋。

……

嫁女支钱三十贯[5]，再嫁二十贯。

娶妇支钱二十贯，再娶不支。

——《义庄规矩》

【注释】

①房：家族的分支。

②白米：碾净去糠米。

③女使：女仆。

④疋：同“匹”。

⑤贯：旧时的制钱，用绳子穿上，每一千个为一贯。

范仲淹雕像（曹庆春提供）

【评析】

这一段文字细致具体地规定了族人日常口粮、布匹的分配以及嫁女娶妇的资助金。为避免族人铺张浪费、寅吃卯粮或多吃多占，范仲淹明确规定族人的口粮按月领取，不得预先支取，还规定同宗族各房日常的衣食和为官家居者的米绢供给、婚嫁丧葬的费用拨付以及对贫穷亲戚的周济等等。至南宋嘉定三年（1210），《义庄规矩》由最初的十三条逐渐增加到了五十三条，其内容也日益扩大，大凡祭祀、婚丧、教育等，均有涉猎，义庄的管理逐渐法规化，如进一步规定对参加大考的子弟支给经费；族人不得租佃义田，不得占用义仓会聚；义庄不得典卖；义庄建有义宅，供无房族人借住，等等。

【家训节选二】

吾吴中[1]宗族甚众，于吾固有亲疏，然以吾祖宗[2]视之，则均是子孙，固无亲疏也。苟祖宗之意无亲疏，则饥寒者吾安得不恤也？自祖宗来，积德百余年而始发于吾，得至大官。若独享富贵而不恤宗族，异日何以见祖宗于地下？亦何颜入家庙[3]乎？

——《告诸子及弟侄》

【注释】

①吴中：范仲淹家乡，今江苏省苏州市。

②祖宗：对祖先的尊称。

③家庙：家族为祖先立的庙，用来祭祀祖先。

【评析】

范仲淹不仅亲自实践义庄，撰写《义庄规矩》，救济族中贫穷之人，而且在《告诸子及弟侄书》中也谆谆告诫、提醒自家子弟万不可独自享受富贵而置族人贫苦于不顾。在这篇家训中，范仲淹告诫自己的儿子们要懂得孝敬之道；对于自己的宗族，要以家人对待；即使身居要位，也要常念及族中困苦之人，亲近他们，帮助他们，接济他们，万不可独享富贵安乐。

【家训节选三】

京师交游，慎于高论，不同当言责之地。且温习文字，清心洁行，以自树立平生之称。当见大节[1]，不必窃论曲直，取小名招大悔矣。

京师少往还，凡见利处，便须思患。老夫屡经风波[2]，惟能忍穷[3]，故得免祸。

……

为勤学奉公，勿忧前路。慎勿作书求人荐拔[4]，但自充实为妙。

——《告诸子及弟任》

【注释】

①大节：生死危难之际的节操。

②风波：比喻乱子、纠纷，指官场上的坎坷与险恶。

③穷：清贫。

④荐拔：推荐提拔。

【评析】

宋代，科举制度已然成为选官的主要制度，一大批出身贫寒的士人得以通过科举入仕参政。范仲淹便是其中的佼佼者。如何做官，是这些通过科举入仕的仕宦之家最为重视的一件事。范仲淹语重心长地教诲子弟，应该恪守勤俭奉公、勤学好问的为官之道，多读书，勤问学，不断加强自身的文化修养；不要在背后随意议论他人之是非，万不可行求人、请托之事。

【家训节选四】

但请思之：千古圣贤，不能免生死，不能管后事，一身从无[1]中来，却又无中去。谁是亲疏[2]？谁能主宰？既无奈何，即放心逍遥[3]，任委[4]来往。如此断了，即心气渐顺，五脏[5]亦和，药方有效，食方有味也。只如安乐人，忽有忧事，便吃食不下，何况久病，更忧生死，更忧身后，乃在大怖中，饮食安可下？请宽心，将息，将息！

——《与中舍书》

【注释】

①无：空无所有。

②亲疏：亲近和疏远。

③逍遥：优游自得，安闲自在。

④任委：任随，任凭。

⑤五脏：中医称心、肝、脾、肺、肾为五脏。

【评析】

这封信是范仲淹写给重病在身的三哥的，为的是劝导他看淡生死以安心疗病养身，不再为一些琐事烦恼。范仲淹认为，这样才能吃得下饭，药物才生效。这封家书的亮点就在于范仲淹对生死之事的见解，颇为豁达开通。

叶梦得

叶梦得（1077~1148），字少蕴，号石林居士。宋代文学家，长洲（今属江苏苏州）人。绍圣四年（1097）进士，学识渊博，犹工诗词，被人誉为“贯穿五经，驰骋百氏，谈笑千言，落笔万字”。著有《石林燕语》《石林诗话》《建康集》等。

叶梦得所作的《石林治生家训要略》和《石林家训》是中国古代家训史上有名的两篇家训。《石林治生家训要略》首创家训讨论治生的内容，全篇教导子弟为什么治生、应该如何治生等谋生问题，这类题材是家训中比较少见的。《石林家训》是叶梦得晚年所作，此时北宋已灭亡，叶梦得从浙东归家，头发尽白，但仍外未忘“王室之忧”，内亦以“家室为务”，选取“祖先遗德”与“古今言行可师可警之事”来训导家中诸子修身、勉学、孝亲等。

叶梦得故居

【家训节选一】

人之为人，生而已矣。人不治生①，是苦其生也，是拂其生也，何以生为？自古圣贤，以禹②治水，稷③之播种，皋④之明刑，无非以治民之生也。民之生急欲治之，岂己之生而不欲治乎？若曰圣贤不治生，而惟以治民之生，是从井可以救人⑤，而摩顶放踵⑥，利天下亦为之矣，非圣贤之概也。

——《石林治生家训要略》

【注释】

①治生：经营家业，谋生计。

②禹：传说中国夏代的第一个君主，曾经治过洪水。

③稷：后稷，名弃。相传他善于种植各种粮食作物，曾在尧舜时代当农官，教民耕种。

④皋：皋陶，中国上古传说中的人物，舜、禹时任士师、大理官，被奉为中国司法鼻祖。传说他是我国上古“五帝”之首黄帝的长子少昊(玄嚣)的后裔，东夷部落的首领。

⑤典出《论语·雍也》：“仁者，虽告之曰：‘井有仁（人）焉。’其从之也？”，字面意思是跳到井里去救人，原比喻徒然危害自己而对别人没有好处的行为，现多比喻冒险救人。

⑥摩顶放踵：成语，形容不辞劳苦，舍己为人。

【评析】

叶梦得从“人之为人，生而已矣”的思想观念出发，认为人如果不好好地重视和用心来谋划生计，便是对生命的戕害和无视，继而举古圣先王的例子进一步说明，谋划生计和经营家业对人的生命以及人类的生存是至关重要的。这与一般讲究道德训诫的传统家训不同，从而拓展了传统家训的内容和主题。

【家训节选二】

“君子贫穷而志广，隆仁也；富贵而体恭，杀势①也；安燕②而血气不惰，循理也；劳倦而容貌不枯，好交③也；怒不过夺④，喜不过予，法胜私也。”⑤此数者，修身之切要也。汝曹⑥以吾言书诸绅⑦而铭之心以修身焉。虽非至善，而亦不失於汝不善，汝曹其无怠诸。

——《石林家训》

【注释】

①杀势：指不盛气凌人。杀，减少。

②燕：通“宴”，安逸。

③交：当作“文”（王念孙说），指礼仪。

④夺：剥夺，使丧失，此指处罚。

⑤语出《荀子·修身》篇。

⑥汝曹：你们。

⑦绅：束腰的大带子。

【评析】

修身是读书人的首要任务。言行符合君子的要求，是读书人时时刻刻都须用心的修行。叶梦得举出几条修身的方法，如君子固穷而广志；虽身处富贵却好礼；虽在家庭闲散之地，却能兢兢业业，恪守礼法等等，希望子孙后代谨慎待之，时刻奉行。

【家训节选三】

《易》曰：“乱之所生也，则言语以为阶。君不密则失臣，臣不密则失身。”[①]《庄子》曰：“两喜必多溢美之言，两怒必多溢恶之言。”[②]大抵人言多不能尽实，非喜即怒。喜而溢美，犹不失谨厚；怒而兴恶，则为人之害多矣。《孟子》曰：“言人之不善，当如后患何？”[③]夫己轻以恶加人，则人亦必轻以恶加我，是自相加也。……此言所以不得不慎也。……故将欲慎言，必须省事。择交每务简静，无求于事会[④]，则自然不入是非毁誉之境。所与游者皆善人端士，彼亦自爱防患，则是非毁誉之言，亦不到汝耳。

——《石林家训》

【注释】

①语出《周易·节卦》中的“子曰：‘乱之所生也，则言语以为阶。君不密则失臣，臣不密则失身，机事不密则害成。是以君子慎密而不出也’”。

②语出《庄子·人间世》，其意是说，彼此喜欢的人，肯定会互相说出过分赞美的话；互相厌恶的人，必然会说出过分令人厌恨的话。

③语出《孟子·离娄章句下》，其意是说，专爱指摘别人短处，难道没想到会招来后患吗？

④事会：机遇，时机。

【评析】

俗话说：“病从口入，祸从口出。”慎言是历代家训名篇中的重要内容之一。叶梦得列举《周易》《庄子》《孟子》中关于慎言的名句，点明人言未可尽信，而祸患却伴随着汹汹之言论而产生。叶梦得以其亲身感受，对人际交往中会出现的问题加以分析，警示后辈不要轻信、轻传那些不负责任、故意中伤的话，要他们谨慎选择交游对象。这是饱经忧患、洞悉人情的肺腑之言，即便在今天读来，仍属十分宝贵的人生经验。

朱元璋雕像（曹庆春提供）

朱元璋

明太祖朱元璋（1328~1398），字国瑞，原名重八，后取名兴宗，濠州钟离人（今安徽凤阳），明朝开国皇帝。

《皇明祖训》是明太祖朱元璋主持编撰的皇家家训典籍，初名“祖训录”。洪武二年（1369）开始编纂，六年成书，朱元璋亲自为之作序，命礼部刊印成书。后又加以修订，洪武二十八年（1395）重定，更名为“皇明祖训”，并将首章的《箴戒》改称为“祖训首章”。

该书虽称家法，却是研究明初政治和各项制度，特别是洪武时期的职官、亲藩、后妃、宦官等制度的重要史料，对研究朱元璋的思想体系和伦理观念也有一定的价值。

【家训节选一】

朕观自古国家，建立法制，皆在始受命之君。当时法已定，人已守，是以恩威加于海内，民用平康。盖其创业之初，备尝艰苦，阅人既多，历事亦熟。比之生长深宫之主，未谙世故；及僻处山林之士，自矜己长者，甚相远矣。朕幼而孤贫，长值兵乱；年二十四，委身行伍，为人调用者三年。继而收揽英俊[1]，习练兵之方，谋与群雄并驱。劳心焦思，虑患防微，近二十载，乃能翦除强敌，统一海宇。人之情伪[2]，亦颇知之。故以所见所行，与群臣定为国法，革元朝姑息之政，治旧俗污染之徒。且群雄之强盛诡诈，至难服也，而朕已服之；民经世乱，欲度兵荒，务习奸猾，至难齐也，而朕已齐之。盖自平武昌以来，即议定著律令，损益更改，不计遍数。经今十年，始得成就。颁而行之，民渐知禁[3]。至于开导后人，复为《祖训》一编，立为家法。大书揭于西庑[4]，朝夕观览，以求至当，首尾六年，凡七誊藁，至今方定，岂非难哉？盖俗儒多是古非今，奸吏常舞文弄法，自非博采众长，即与果断，则被其眩惑，莫能有所成也。今令翰林编辑成书，礼部刊印以传永久。凡我子孙，钦承朕命，无作聪明，乱我已成之法，一字不可改易。非但不负朕垂法之意，而天地、祖宗亦将孚佑[5]于无穷矣！呜呼，其敬戒之哉！

——《皇明祖训·序》

【注释】

①英俊：天下英雄豪杰。

②人之情伪：人情的真伪。

③知禁：知道什么是法律上禁止的事。

④西庑：正殿西边的廊屋。

⑤孚佑：庇佑，保佑。

【评析】

自古以来，国家的法令制度往往都创立于开国君主。开国君主在创建天下的过程中，尝尽艰难困苦，观察过很多人，经历过很多事。比起那些后世生长于深宫而不谙世故的君主，在经世济民方面要高明得多。

【家训节选二】

凡古帝王以天下为忧者，唯创业之君、中兴之主，及守成贤君能之。其寻常之君，将以天下为乐，则国亡自此始。何也？帝王得国之初，天必授于有德者。若守成之君常存敬畏，以祖宗忧天下为心，则能永受天之眷顾；若生怠慢，祸必加焉。可不畏[1]哉！

凡每岁自春至秋，此数月尤当深忧，忧常在心，则民安国固。盖所忧者，惟望风雨以时，田禾丰稔，使民得遂其生。如风雨不时，则民不聊生，盗贼窃发，豪杰或乘隙而起，国势危矣。

凡天下承平，四方有水旱等灾，当验国之所积，于被灾去处，优免税粮。若丰稔之岁，虽无灾伤，又当验国所积，稍有附余，择地瘦民贫处，亦优免之。不为常例，然优免在心，临期便决，勿使小人先知，要名于外[2]。

——《皇明祖训》首章

【注释】

①畏：畏惧，敬畏。

②要名于外：邀虚名于外。

【评析】

自古以来，以天下为忧虑的帝王，往往是那些开国君主、中兴君主与贤明的守成君主。平庸的君主，只会把天下当做取乐之源，由此就会走上亡国之路。守成君主如果能时常怀有敬畏之心，能够时常具有忧患意识，那么就能获得上天的庇护。如果玩忽职守，那么亡国之祸必定会来临。

唐顺之

唐顺之（1507~1560），字应德，号荆川，武进（今属江苏常州）人。明代儒学大师、军事家、散文家、数学家，抗倭英雄。嘉靖八年（1529）会试第一，官翰林编修，后调兵部主事。唐顺之以兵部郎中督师浙江，曾亲率兵船于崇明打败倭寇。学者尊称其为“荆川先生”。

唐顺之学识渊博，上通天文，下晓地理，对数学、历法、兵法及乐律都有研究。年轻时，唐顺之的文学主张受前七子影响，标榜秦汉，赞同“文必秦汉，诗必盛唐”。中年以后，受王慎中影响，洞察到七子诗文的流弊，于是提出师法唐宋而要“文从字顺”的主张。他与王慎中、茅坤、归有光等俱为唐宋派的杰出代表。

唐顺之的著作有《荆川先生文集》，共十七卷。

常州古运河（曹庆春提供）

【家训节选】

行者居者[1]，行迹各别，然理无二致[2]也，日用工夫[3]无二致也。汝兄在山中若不能谢遣世缘[4]，彻澄[5]此心，或止游玩山水，笑傲[6]度日，是以有限日力作却无力靡费[7]，即与在家何异？汝在家若能忍节[8]嗜欲[9]，痛割俗情，振起[10]十数年懒散气习，将精神归并一路，使读书务为心得，则与在山中何异？艰哉！艰哉！各自努力。

居常只见人过，不见己过，此学者切骨病痛，亦学者公共病痛。此后读书做人，须要刻刻点检[11]自家病痛。盖所恶于人许多病痛处，若真知反己，则色色有之也。

——《荆川先生文集·与二弟正之书》

【注释】

①行者居者：出门远行的人与在家的人。

②理无二致：读书做人的道理没有什么两样。

③日用工夫：日常生活中的修行工夫。

④谢遣世缘：谢绝世俗交往。

⑤彻澄：彻底净化。

⑥笑傲：嬉笑轻慢。

⑦靡费：浪费，耗费过度。

⑧忍节：坚决节制。

⑨嗜欲：各种嗜好与欲望。

⑩振起：抖擞精神去除掉。

⑪点检：检讨。

【评析】

在这封写给二弟唐正之的书信中，唐顺之语重心长地指出，读书并非完全为环境所决定，其中关键在于自身的主观努力，要坚定地节制各种嗜好和欲望，忍痛割舍形形色色的世俗人情，要聚精会神以求在读书中做到心领神会。唐顺之由读书进一步联系到做人，告诫二弟要吸取一般读书人的教训，要善于自我反省。

顾宪成

顾宪成（1550~1612），无锡泾里（今属江苏无锡）人，字叔时，号泾阳，因创办东林书院而被世人尊称为“东林先生”。顾宪成小时候家境艰难，他六岁进私塾读书，既甘于清贫，又怀有远大抱负，在自己所居陋室的墙壁上题了两句话：“读得孔书才是乐，纵居颜巷不为贫。”顾宪成善于独立思考，十四岁时就提出了“凡读书不论何书，要在立意处探讨，不然即六经皆糟粕也”的观点，后师从王阳明三传弟子张淇。顾宪成仰慕前贤先哲的为人，自撰一副对联：“风声雨声读书声，声声入耳；家事国事天下事，事事关心”，表达了他对社会的关注。

顾宪成遵从朱子学，主张性善，重视修养工夫，提倡静坐。他赞同王阳明的“良知”说，却严厉抨击王学的“无善无恶”说，并批评王学末流，认为他们轻视修养工夫，以至流弊深远。

东林书院

东林书院

【家训节选】

凡为父兄的，莫不爱其子弟；凡爱子弟的，莫不愿其读书进取。目今府县考童生，汝弟方病疡，度[1]未能赴，且所尚幼，何须著急？汝则长矣，往年又曾经考过来，而今岂能不重以得失为念。然吾始终不欲以汝姓名一闻于主者，非恝然[2]于汝也，汝质尽可望进一步，吾又非弃汝而不屑也，吾自有说耳。何以言之？就义理上看，男儿七尺之躯，顶天立地，何如开口向人道个求字？孟夫子《齐人》一章便是这个字的行状，至今读之尚为汗颜，不可作等闲认也。

就命上看，人生穷通利钝，即堕地一刻都已定下，如何增损得些子？眼前熙熙攘攘赴童生试的哪个不要做秀才，赴秀才试的哪个不要做举人，赴举人试的哪个不要做进士？到底有个数在。若是贵的可以势求，富的可以力求，那不会求的便没有份，造化亦炎凉也。

就我分上看，我本薄劣无尺寸之长，赖天之佑，祖父之庇，幸博一等，再仕再不效，有丘山之罪，然犹饱食暖衣安享太平，在昔大圣大贤往往穷厄[3]以老，甚而有囚有窜，流离颠沛不能自存者。我何人，斯不啻过分矣！更为汝十进耶，是无厌也。

就汝分上看，但在汝自家志向何如，若肯刻苦读书，到得功夫透彻，连举人进士也自不难，何有于一秀才？若又肯寻向上支要做个人，连举人进士也无用处，何有于一秀才？汝试于此绎而思之，余其忽然于汝也耶？

抑爱汝以德也耶？余其汝而不屑也耶？抑玉汝而进汝以远且大也耶？

此意本欲待汝自悟，恐汝究竟不察，谬生疑沮，不得不分明道破，汝若能识得，省却了多少闲心肠，省却了多少闲气力，省却了多少闲悲喜；便是一生真受用也。

记之，记之！

——《示淳儿帖》

【注释】

①度：料想。

②恝然：漠不关心，冷淡。

③穷厄：贫穷困顿。

【评析】

在这封家书中，顾宪成告诉儿子，做父亲的没有把他的名字宣扬于科考官员，并非是对他不关心，而是自有道理。顾宪成的道理在哪里呢？他认为，做人不能动辄开口求人。人生自有命数，过分强求，那就是瞎折腾，就是贪得无厌。他告诫儿子，人生的关键在于立定志向。如果能堂堂正正地做人，那么就不必太看重中举、中进士。信中表现了一位父亲对儿子德行修养与树立志向的忧虑与关切之情，读来令人感动、引人深思。

高攀龙

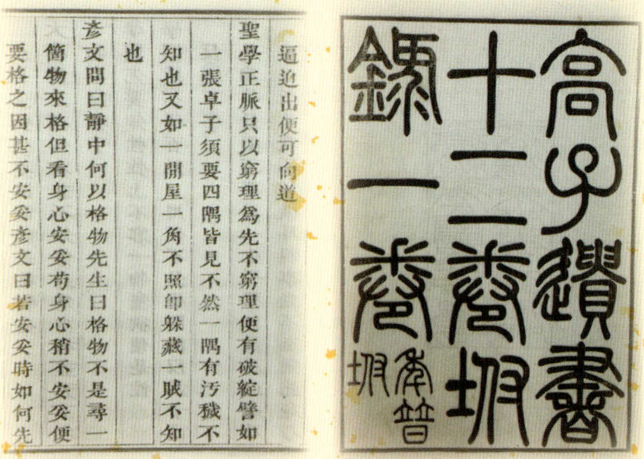
逼迫出便可向道
聖學正脈只以窮理爲先不窮理便有破綻譬如
一張卓子須要四隅皆見不然一隅有污穢不
知也又如一間屋一角不照即躲藏一賊不知
也
彥文問曰靜中何以格物先生曰格物不是尋一
箇物來格但看身心安妥苟身心稍不安妥便
要格之因甚不安妥彥文曰若安妥時如何先

高子遺書
十二卷

《高子遗书》

高攀龙（1562~1626），字存之，又字云从，江苏无锡人，世称“景逸先生”。明神宗万历年间中进士，历任行人司行人、太常少卿、刑部右侍郎和都察院左都御史等。

高攀龙是东林学派的精神领袖之一，与顾宪成兄弟创建东林书院。他提倡“治国平天下”的有用之学，反对王学末流的空虚玄妙之学。他把“治国平天下”看做格物致知和个人道德修养的必然结果。无论在朝在野，高攀龙时刻关注国家的命运，关心百姓的生活。魏忠贤掌握朝政时，高攀龙因与阉党进行坚决斗争而遭到革职。后阉党“五虎”之首崔呈秀派遣爪牙去逮捕他，高攀龙因此投水而死。在阉党的迫害面前，他捍卫了自己的政治理想，保持了崇高气节，其思想与道德足为后世楷模。高攀龙的著作主要有《周易易简说》《春秋孔义》和《正蒙释》等。其门人陈龙正编有《高子遗书》十二卷。

【家训节选】

吾人立身天地间，只思量作得一个人，是第一义，余事都没要紧。作人的道理，不必多言，只看小学[1]便是。依此作去，岂有差失[2]？从古聪明睿智，圣贤豪杰，只于此见得透，下手早，所以其人千古万古，不可磨灭。闻此言不信，便是凡愚[3]，所宜猛省。

作好人，眼前觉得不便宜，总算来是大便宜；作不好人，眼前觉得便宜，总算来是大不便宜。千古以来，成败昭然，如何迷人尚不觉悟，真是可哀！吾为子孙发此真切诚恳之语，不可草草看过！

……

言语最要谨慎，交游最要审择[4]。多说一句，不如少说一句；多识一人，不如少识一人。若是贤友，愈多愈好。只恐人才难得，知人实难耳！语云："要作好人，须寻好友。引酵若酸，哪得甜酒？"又云："人生丧家亡身，言语占了八分。"皆格言也。

——《高子遗书》

【注释】

①小学：指朱熹编纂的《小学》，其核心内容是教育儿童如何处事待人，如何孝顺父母，等等。

②差失：差错，过失。

③凡愚：平庸愚昧的人。

④审择：审慎地选择。

【评析】

高攀龙认为做人是人生第一重要的事，指出自古以来圣贤豪杰之所以成为圣贤豪杰，就在于“见得透，下手早”。在这篇家训中，高攀龙苦口婆心地告诫子孙后代，做好人是人生最重要的事。要学做好人，就不能只看到眼前的便宜。要学做好人，就必须广泛地结交道德高尚的朋友，因为“近墨者黑，近朱者赤”。

李应升

李应升（1593~1626），字仲达，明朝南直隶江阴（今江苏江阴）人。明神宗万历四十四年（1616），李应升参加科举考试，取得进士一甲第五名，授南康推官，以清廉著称。天启二年，李应升主持白鹿洞书院，重修《白鹿洞书院志》。天启二年（1622）选考，授福建道御史，三年入西台。天启四年（1624），李应升代东林党领袖之一高攀龙作《劾崔呈秀疏》，以声援杨琏等东林党人，因此遭到阉党痛恨。天启五年（1625）罢官归里，天启六年（1626）三月被东厂逮捕。李应升被捕之时，常州城数万居民聚集，为其鸣冤喊屈。天启六年闰六月初二日，李应升在狱中遇害。崇祯初年平反，追赠太仆寺卿，谥号“忠毅”。著有《诫子书》，其子李逊之编有《落落斋遗稿》十卷。

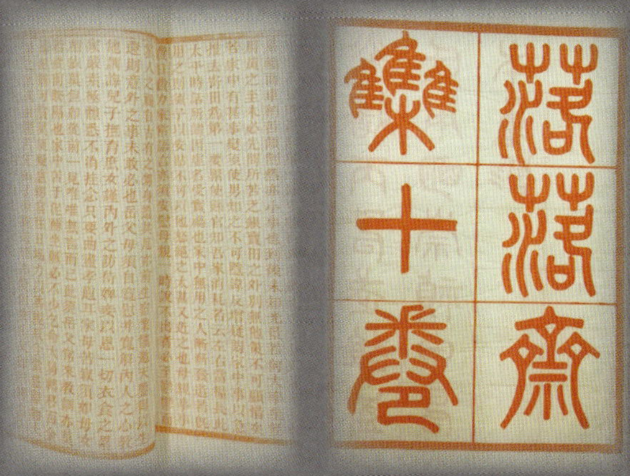

《落落斋集》

【家训节选】

吾以直贾[1]祸，自分一死以报朝廷，不复与汝相见，故书数言以告汝。汝长成之日，佩为韦弦[2]，即吾不死之日也。

汝生于官舍，祖父母拱璧[3]视汝，内外亲戚以贵公子待汝，衣鲜食甘，嗔喜任意，娇养既惯，不肯服布旧之衣，不肯食粗粝之食，若长而弗[4]改，必致穷饿。此宜俭以惜福，一也。汝少所习见，游宦[5]赫奕，未见吾童子秀才时低眉下人，及祖父母艰难支持之日也，又未见吾囚服被逮及狱中幽囚痛楚之状也。汝不尝胆[6]以思，岂复有人心者哉！人不可上，物不可陵[7]。此宜谦以全身，二也。祖父母爱汝，汝狎[8]而忘敬；汝母训汝，汝傲而弗亲。今吾不测，汝代吾为子，可不仰体祖父母之心乎？至于汝母更倚何人？汝若不孝，神明殛[9]之矣。此宜孝以事亲，三也。吾居官爱名节，未尝贪取肥家，今家中所存基业，皆祖父母勤苦积累，且番此销费大半。吾向有誓愿，兄弟三分，必不多取一亩一粒。汝视伯如父，视寡婶如母，即有祖父母之命，毫不可多取，以负吾志。此宜公以承家，四也。汝既鲜兄弟，止一庶妹，当待以同胞，倘嫁于中等贫家，须与妆田百亩。至庶妹之母，奉侍吾有年，当足其衣食，拨与赡田，收租以给之。内外出入，谨其防闲。此桑梓[10]之义，五也。汝资性不钝，吾失于教训，读书已迟，汝念吾辛苦，励志勤学，倘有上进之日，即先归养；若上进无望，须做一读书秀才，将吾所存诸稿简籍，好好诠次[11]。此文章一脉，六也。吾苦生不能尽养，他日俟祖父母千百年后，葬我于墓侧，不得远离。

——《诫子书》

【注释】

①贾：招引，招致。

②韦弦：比喻外界的启迪和教益。韦，皮带；弦，弓弦。典出《韩非子·观行》：“西门豹之性急，故佩韦以自缓；董安于之性缓，故佩弦以自急。”皮带软韧，弓弦紧张。佩戴韦弦，意味着随时警醒自己。

③拱璧：大璧，比喻极其珍贵之物。

④弗：不。

⑤游宦：在外做官。

⑥尝胆：即卧薪尝胆。

⑦陵：凌驾。

⑧狎：亲近而态度不庄重。

⑨殛：诛戮，杀死。

⑩桑梓：指故乡。

⑪诠次：选择和编次。

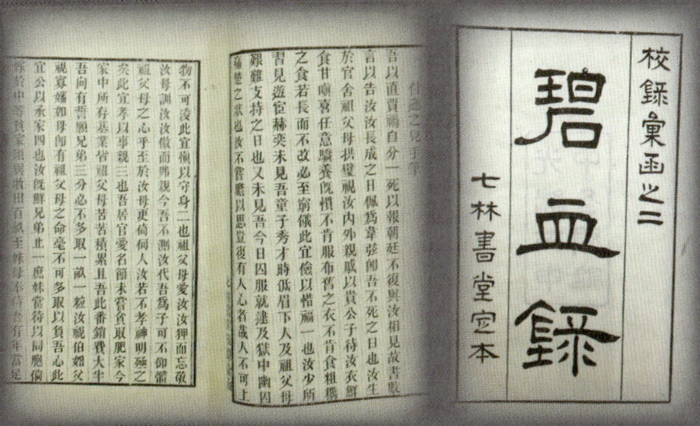

《碧血录》中记载了李应升的事迹

【评析】

李应升的这篇家训，正写于其遭到阉党迫害、身系牢狱而将遭到极刑之际。他料定难逃一死，不能再与儿子相见，因此写下这篇劝诫书信，以备儿子长大成人后，用来时常警醒他。李应升虽然预感大限将至，却能从容不迫地谆谆教导儿子如何做人和读书的道理，表现了一位父亲对儿子深沉的爱和对未来的忧虑之情。他从六个方面对儿子进行了教导：第一，要节俭，珍惜幸福；第二，做人不能高高在上，对物也不能任意凌驾于其上，要通过谨慎来修身养性；第三，要孝顺长辈；第四，要公平地继承家业；第五，要善待家人；第六，要好好读书作文。在出自深沉父爱的细心教导中，李应升动之以情、晓之以理、申之以大义，读来令人感动万分。

卢象升画像

卢象升

卢象升（1600~1639），字建斗，又字斗瞻、介瞻，号九台，南直隶常州府宜兴县（今江苏宜兴）人，明末著名将领，民族英雄。祖父为知县，父亲为秀才。卢象升自小潜心经史，热衷操练骑射。据明史记载：“象升白皙而臞，膊独骨，负殊力。”

崇祯六年（1633）起，因参与镇压李自成等农民军有功，升任右副都御史，总理河北、河南、山东、湖广、四川军务，兼湖广巡抚。后升任兵部侍郎，再迁兵部左侍郎，总督宣府、大同、山西军务。崇祯十一年（1638），任兵部尚书，竭力主张抗清，保卫京师，连战皆捷。后因太监高起潜陷害，被免去尚书职务，以侍郎视事。崇祯十二年（1639），卢象升部在巨鹿贾庄遭到清军包围，高起潜拥兵不救，致使卢象升部因炮尽矢绝而为清军所败，卢象升也战死疆场。追赠太子太师、兵部尚书，南明福王时追谥“忠烈”，清朝时追谥“忠肃”。主要著作有《卢忠肃公集》《卢象升疏牍》。

【家训节选】

古人仕学[①]兼资，吾独驰驱军旅。君恩既重，臣谊[②]安辞？委七尺于行间[③]，违二亲之定省[④]。扫荡廓清未效，艰危困苦备尝。此于忠孝何居也？愿吾子弟思其父兄，勿事交游，勿图温饱，勿干戈而俎豆，勿弧矢而鼎彝。名须立而戒浮，志欲高而无妄。殖货矜愚，乃怨尤之咎府；酣歌恒舞，斯造物之僇[⑤]民。庭以内悃愊[⑥]无华，门以外卑谦自牧。非惟可久，抑且省愆[⑦]。凡吾子弟，共佩老生之常谈；惟我一生，自听彼苍之祸福。

【注释】

①仕学：做官与做学问。

②臣谊：臣子之义。

③行间：行伍之间。

④定省：即“昏定晨省”，指子女早晚向父母请安问好。

⑤僇：羞辱。

⑥悃愊：十分诚恳。

⑦愆：罪过，过失。

【评析】

卢象升是明末抗清名将。在这篇家训中，他殷切地告诫子弟，要多想想父兄及广大士兵正在艰难地抗击清兵，千万不要只想到个人的事情；告诫子弟要尽力戒除浮名，不要狂妄；不要积聚财富而招引怨恨，不能沉湎于醉酒歌舞而沦落为罪人，等等。直至今日，这些话仍然具有重要的教育意义。

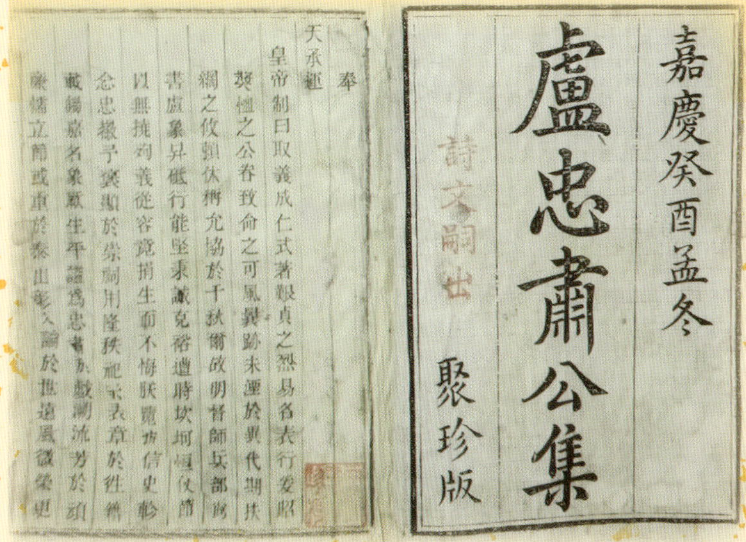

奉
天承運
皇帝制曰取義成仁式著艱貞之烈易名表行爰昭
褒恤之公眷致命之可風覩蹤跡未遑於異代期扶
綱之攸賴休稱允協於千秋爾故明督師兵部尚
書盧象昇砥行能堅秉誠克裕遭時坎坷值仗節
以無撓矜義從容竟捐生而不悔朕覽方信史軫
念忠懃予褒與於崇祠用隆秩祀示表章於往
戴錫嘉名象厥生平謚爲忠肅於戲渤流芳於頑
廉懦立節或重於泰山彰入論於推遠風徵榮吏

嘉慶癸酉孟冬
盧忠肅公集
詩文嗣出
聚珍版

《卢忠肃公集》

徐 媛

徐媛（1560~1619），长洲（今江苏苏州）人，字小淑，明朝万历年间才女，工书，擅长山水画，当时与董其昌齐名。徐媛著有《络纬吟》十二卷，。作品包括赋、楚辞、四言诗、五言古诗、七言古诗、五律、五言排律、七律、五绝、七绝、诗余、词余和尺牍等。明代文学家钱希言为《络纬吟》作序，对徐媛的文采予以赞美："夫人诗烨若朝采，皎若夜光，芬芳则楚畹幽兰，骀荡则灵和弱柳，落花依草，点缀有情，春蚕吐丝，绵连不断，薄雕缋而银汉疏星，绝粉饰而远山秋水。"徐媛常与寒山陆卿子唱和诗文，因此两人被并称为"吴门二大家"。此外，徐媛还写过一篇著名的《训子书》。

苏州留园，始建于明代万历年间，为太仆寺少卿徐泰时（徐媛之父）的私家园林

【家训节选】

儿年几弱冠[1]，懦怯无为，于世情毫不谙练[2]，深为尔忧之。男子昂藏六尺于二仪间，不奋发雄飞而挺两翼，日淹岁月，逸居无教，与鸟兽何异？将来奈何为人？慎勿令亲者怜而恶者快，兢兢业业，无怠夙夜。临事须外明于理而内决于心。钻燧取火，可以续朝阳；挥翮[3]之风，可以继屏翳[4]。物固有下而益大，人岂无全用哉？

习业当凝神伫思，戢[5]足纳心。骛精于千仞之巅，游习于八极之表。浚[6]发于巧习，摅[7]藻如春华。应事以精，不畏不成形；造物以神，不患不为器。能尽我道而听天命，庶不愧于父母妻子矣。循此则终身不堕沦落，尚勉之励之。以我言为箴，勿愦愦[8]于衷，毋朦朦[9]于志。

——《训子》

【注释】

①弱冠：古人称男子二十岁为弱冠，行冠礼以示成人。

②谙练：熟悉，熟练。

③翮：鸟的翅膀。

④翳：遮蔽，障蔽。

⑤戢：停止。

⑥浚：深。

⑦摅：发表或表示出来。

⑧愦愦：糊涂。

⑨朦朦：迷茫的样子。

【评析】

由文中可以看出，徐媛非常注重家教。她对孩子的教育自小到大毫不松懈。她认为，男孩应当气质刚强，要振翅高飞，要能挺立于天地之间；女孩则应当勤劳，善于操持家务。当时，她的大儿子差不多有二十岁了，却性情懦弱、一无所成，她感到非常失望和着急。于是她专门作书训子，希望他能发奋成才，以免“亲者怜而恶者快”。她苦口婆心地教导儿子，一要专心，二要勤勉，三要成为有用之人。一位母亲的爱子苦心，跃然纸上。

瞿式耜

瞿式耜（1590~1650）字起田，号稼轩、耘野，又号伯略，江苏常熟人，明末诗人、官员。瞿式耜早年拜钱谦益为师，1616年中进士，后授江西永丰知县。1623年丁父忧返里，受西洋教士艾儒略影响受洗入教，取名多默。1628年，擢升户科给事中，屡次上疏弹劾掌权佞臣。因遭温体仁、周延儒等排挤陷害，罢归常熟。

1644年李自成攻克北京，福王在南京建立政权，瞿式耜出任应天府丞，旋即擢升为右佥都御史，巡抚广西。1645年夏，瞿式耜抵梧州，鲁王监国于绍兴，唐王亦称号于福建，靖江王也于稍后监国于桂林。瞿式耜以为当立者应为永明王朱由榔，因此与丁魁楚等合力擒拿靖江王。1646年，朱由榔即位于肇庆，拜瞿式耜为吏部右侍郎。后清兵破赣州，瞿式耜留肇庆。第二年，改元永历，清兵攻陷肇庆，瞿式耜乃走梧州，旋即护送永历帝至桂林，升任兵部尚书。1650年，清兵自全州进攻，桂林大乱，瞿式耜与总督张同敞在风洞山仙鹤岭下英勇就义。瞿式耜著有诗文十卷。

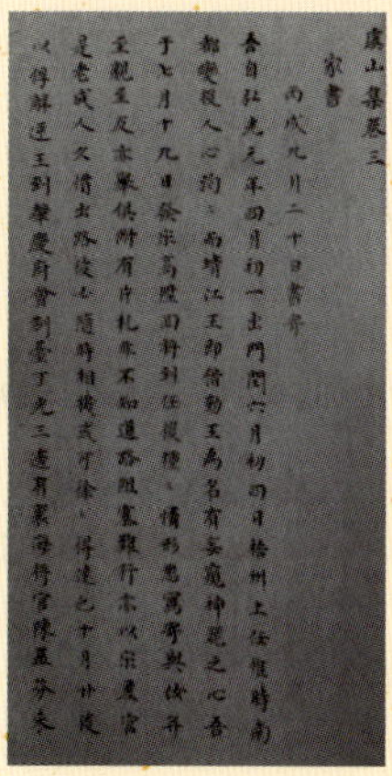
虞山集卷三
家書
丙戌九月二十日書寄

瞿式耜《虞山集》

【家训节选】

可恨者，吾家以四代科甲，鼎鼎名家，世传忠孝，汝当此变故之来，不为避地之策，而甘心与诸人为亏体辱亲之事[1]。汝固自谓行权也，他事可权，此事而可权乎？邑中在庠[2]诸友，轰轰烈烈，成一千古之名，彼岂真恶生而乐死乎？诚以名节所关，政有甚于生者。死固吾不责汝，第家已破矣，复何所恋？不早觅隐僻处所潜身，而反以快仇人之志，谓清浊不分，岂能于八斗槽中议论人乎！

——《与子书》

【注释】

①此处指瞿式耜儿子瞿玄锡接受清统治者剃发的命令。

②庠：古代的学校。

【评析】

在给儿子的书信中，瞿式耜苦口婆心地强调忠孝的重要性。他认为，其他的事或许可以权宜变通，但是忠孝大节绝不可以变通；忠孝名节，实在比生命还重要。在抗清斗争中，瞿式耜自己就浓墨重彩地体现了何为忠孝、何为名节。1650年，瞿式耜被清军逮捕。在囚室中，清军主将孔有德不止一次地派人劝降，都被他拒绝。即使孔有德提出只要削发为僧即可免于一死，也遭到瞿式耜严词拒绝。关押期间，瞿式耜与张同敞诗歌唱和，后来汇编为《浩气吟》，其中的两句是这样写的：“莫笑老夫轻一死，汗青留取姓名香。”在行将就义前，瞿式耜挥笔写下：“从容待死与城亡，千古忠臣自主张。三百年来恩泽久，头丝犹带满天香！”

陆世仪

陆世仪（1611~1672），字道威，号刚斋，晚号桴亭，别署眉史氏，江苏太仓人。明末清初著名的理学家和文学家。他少时擅长诗词，名动于乡，曾从刘宗周讲学。二十七岁时，与同里乡贤陈瑚、江士韶、盛敬切磋结社，世人称之为“四君子”。入清后，他不应科举，在海门第一桥南“凿池十亩，筑亭其中”，建桴亭书院，隐居此处读书、著述和讲学。晚年，于太仓结“十老会”。他学问广博，天文地理、河渠贡赋、战陈刑法等无所不通。

陆世仪著有《思辨录》，分大学、小学、立志、居敬、格致、诚正、修齐、治平、天道、人道、诸儒异学、经、子和史籍十四门。清史记载，“世仪之学，强调敦守礼法，不虚谈诚敬之旨，不空为心性之功，而主张身体力行”。其主要著作还有《论学酬答》《性善图说》《淮云问答》等。

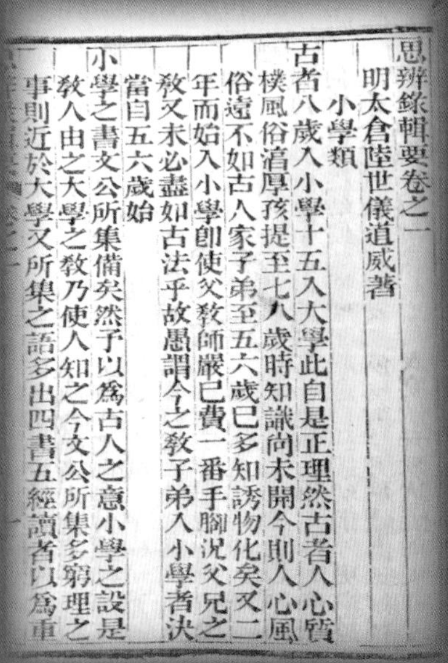
思辨錄輯要卷之一
明太倉陸世儀道威著
小學類
古者八歲入小學十五入大學此自是正理然古者人心質樸風俗湻厚孩提至七八歲時知識尚未開今則人心風俗遠不如古人家子弟至五六歲已多知誘物化矣又二年而始入小學卽使父教師嚴已費一番手腳況父兄之教又未必盡如古法乎故愚謂今之教子弟入小學者決當自五六歲始
小學之書文公所集備矣然予以為古人之意小學之設是教人由之大學之教乃使人知之今文公所集多窮理之事則近於大學又所集之語多出四書五經讀者以為重

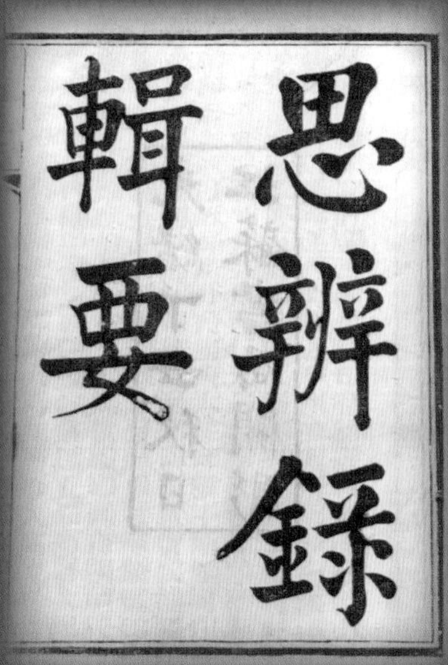

《思辨录辑要》

【家训节选一】

昔人云："见利思义。"见色亦当思义，则邪念自息矣。《四十二章经》[1]数语甚好："老者以为母，长者以为姊，少者如妹，幼者如女。敬之以礼。"予少时每乐诵此数语，然细味之，犹有解譬降伏[2]之劳。若能思义，则男有室，女有家，自不得一毫乱动，何烦解譬降伏?

——《思辨录》

【注释】

①《四十二章经》：佛教经书，相传为东汉时译作。

②解譬降伏：使人明白事理而信服道理。

【评析】

人有七情六欲，遇到美色，难免心有所动，甚至滋生邪念。陆世仪要求世人在美色面前要想到道义。如所思所想合乎道义，那么过分的欲望自然就会化解以至消失。

【家训节选二】

己有过，不当讳。朋友有过，决[1]当为之讳。讳者，正所以劝其改，玉成其改也。故曰："君子成人之美，不成人之恶。"彼以过失相规为名，而亟亟[2]于成人之恶者，真刻薄小人耳。故子贡曰："恶讦以为直者。"

——《思辨录》

【注释】

①决：一定。

②亟亟：急忙，急迫。

【评析】

古人说："严于律己，宽于待人。"陆世仪的这段话，讲的就是这个道理。朋友有过错，是否要在公开场合指责他，甚至宣扬于大众？陆世仪的回答显然是"否"。他认为急切揭人之短的人，其实是刻薄小人。朋友有过失，应当善意地为之遮掩，以便他有回旋的余地，可以改过自新。

【家训节选三】

凡处事，须视小如大，又须视大如小。视小如大见[1]小心，视大如小见作用[2]。昔人所谓胆欲大而心欲小也。或谓与倾险人[3]处甚有害，曰："甚有益。"或问故，曰："正使人言语动作，一毫轻易不得。岂惟过失可少，于敬字工夫上，亦甚增益。"

——《思辨录》

【注释】

①见：体现出。

②作用：作为。

③倾险人：用心邪僻险恶的人。

【评析】

日常生活中，总会碰到大事或小事。有时候，可以把小事看做大事，为的是以谨慎的态度处事；有时候，可以把大事看做小事，为的是展示自己的作为。人生在世，难免遇到心术不正的小人。陆世仪要求我们不要害怕与这样的人相处。他认为与这样的人相处，会促使我们小心谨慎，甚至有利于培养恭敬笃行的美德。

袁了凡画像

袁了凡

袁了凡（1533~1606），本名袁黄，字坤仪，明朝的思想家。江苏吴江人。万历十四年（1586）中进士，十六年（1588）授宝坻知县，颇有政绩，被后世称誉为“宝坻建县八百多年来最受人称道的好县令”。万历二十年（1592），倭寇进犯朝鲜，袁了凡升任兵部职方司主事，不久调任援朝军营赞划，谋划平壤大捷，一举扭转战局。后罢归乡里，著书立说。

袁了凡的思想核心，可以概括为“命由我作，福自己求”，强调命运掌握在自己手中，认为只要谦恭卑下和积功累德，就能够求福得福、善报无尽。他的主要著作有《了凡四训》《皇都水利》《评注八代文宗》《宝坻政书》《两行斋集》《劝农书》《史汉定本》《群书备考》和《历法新书》等。《了凡四训》被誉为“东方第一励志奇书”。

【家训节选一】

凡祈天立命，都要从无思无虑处感格[①]。孟子论立命之学，而曰：“夭寿不贰。”夫夭与寿，至贰者也。当其不动念时，孰为夭，孰为寿？细分之，丰歉不贰，然后可立贫富之命；穷通不贰，然后可立贵贱之命；夭寿不贰，然后可立生死之命。人生世间，惟死生为重，曰夭寿，则一切顺逆皆该[②]之矣。

至修身以俟[③]之，乃积德祈天之事。曰修，则身有过恶，皆当治而去之；曰俟，则一毫觊觎，一毫将迎，皆当斩绝之矣。到此地位，直造先天之境，即此便是实学。汝未能无心，但能持准提咒，无记无数，不令间断，持得纯熟，于持中不持，于不持中持。到得念头不动，则灵验矣。余初号学海，是日改号了凡；盖悟立命之说，而不欲落凡夫窠臼也。

从此而后，终日兢兢，便觉与前不同。前日只是悠悠放任，到此自有战兢惕厉[④]景象，在暗室屋漏[⑤]中，常恐得罪天地鬼神；遇人憎我毁我，自能恬然容受。

——《了凡四训·立命之学》

袁了凡雕像

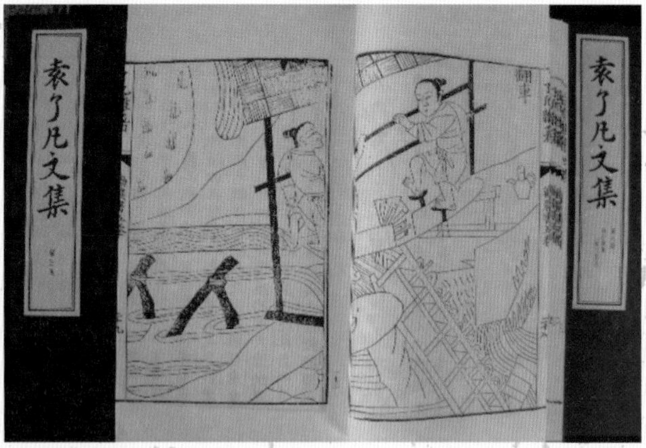

《袁了凡文集》

【注释】

①感格：感应。

②该：包括。

③俟：等待。

④惕厉：警惕谨慎。

⑤暗室屋漏：指别人看不见的地方，隐私之处。

【评析】

“命由我作，福自己求。”这正是对《了凡四训》中有关“立命之学”的直接诠释。何谓立命？就是指摆脱命运的束缚，积极地改变命运。袁了凡在少年时，遇到一位孔先生替他算命，算他寿命可到五十三岁，命中无子，做官可以做到县长。了凡对此深信不疑，因此生活缺乏积极向上的动力，只知道听天由命，为人做事消极被动。据史料记载，袁了凡与佛教渊源甚深，与当时著名高僧云谷禅师有过颇深的交往。在与云谷禅师的交往中，他逐渐意识到命运可以掌握在自己手中。从此以后，他根据“立命之学”自强不息，行善积德，不但考取进士，还生了两个儿子，而且活到了七十四岁。

【家训节选二】

汝之命，未知若何？即命当荣显，常作落寞想；即时当顺利，常作拂逆①想；即眼前足食，常作贫窭②想；即人相爱敬，常作恐惧想；即家世望重，常作卑下想；即学问颇优，常作浅陋想。

远思扬祖宗之德，近思盖父母之愆；上思报国之恩，下思造家之福；外思济人之急，内思闲③己之邪。

务要日日知非，日日改过；一日不知非，即一日安于自是；一日无过可改，即一日无步可进。天下聪明俊秀不少，所以德不加修，业不加广者，只为因循二字，耽阁一生。云谷禅师所授立命之说，乃至精至邃，至真至正之理，其熟玩④而勉行之，毋自旷也。

——《了凡四训·立命之学》

【注释】

①拂逆：违背、违反，此处指不顺利。

②贫窭：贫穷。

③闲：防止。

④熟玩：认真钻研。

袁了凡的家乡赵田村

【评析】

袁了凡用自己的亲身经历，告诫儿子不要受到“命”的束缚，应当竭力行善，“勿以善小而不为”；同时还应当努力断恶，“勿以恶小而为之”。他认为，通过行善和断恶，就一定可以改变自己的命运。正如古人所说，“积善之家必有余庆，积不善之家必有余殃”，种下善因，必能得到善报。要多多地涵养善心，要多行善事，如此一来，光明正大的心念就会充盈人的身心，邪气和邪念就无法乘虚而入。这其中表达的，正是“邪不压正”的朴实道理。

【家训节选三】

但改过者，第一，要发耻心。思古之圣贤，与我同为丈夫，彼何以百世可师？我何以一身瓦裂①？耽染②尘情，私行不义，谓人不知，傲然无愧，将日沦于禽兽而不自知矣；世之可羞可耻者，莫大乎此。孟子曰：“耻之于人大矣。”以其得之则圣贤，失之则禽兽耳。此改过之要机③也。

——《了凡四训·改过之法》

【注释】

①瓦裂：崩溃破败，一事无成。

②耽染：沾染，沉溺于。

③要机：要旨。

【评析】

《了凡四训·改过之法》中提到三种“改过之法”：第一，要发耻心；第二，要发畏心；第三，要发勇心。如果能发这三心，就能消除弊病，就能改过自新。发耻心，人就能够知耻，就不会乱起妄心，乱动恶念。发羞耻心，实在是改造命运的开端和关键。中国历代大儒极其重视“知耻”。孔子说：“行己有耻，使于四方，不辱君命，可谓士矣。”又说：“好学近乎知，力行近乎仁，知耻近乎勇。”孟子说：“人不可以无耻，无耻之耻，无耻矣。”又说：“耻之于人大矣。”人生于世间，从积极方面来说，应当立志；从消极方面来说，理当知耻。一个人，只要有了羞耻之心，就会不至于堕落，进而会促使他积极向上。

袁了凡之墓

王敬臣

王敬臣（1513~1595），字以道，长洲（今江苏苏州）人。十九岁即为诸生。万历中，礼部尚书袁洪愈向朝廷推荐王敬臣，建议授予其国子监博士，王敬臣推辞不就，世人称颂其为“真儒”。

王敬臣的学说以“慎独”为先，在家开馆讲学，门生多达四百余人，被誉为“大儒”。后人为了纪念他，将苏州大树巷改称为大儒巷。

在家训方面，王敬臣著有《礼文疏节》一卷，附《便俗礼节》一卷，见于《千顷堂书目》与《澹生堂藏书目》。《礼文疏节》是作者于万历十八年所制订的家庭礼仪规范，以朱熹的《文公家礼》为蓝本，而进一步予以补充。

大儒巷

【家训节选】

余所纂《礼文疏节》，大概一以《文公家礼》为主，而备其所未备也。然独以文公所辑丧礼，视冠、婚、祭礼为特详，故士人宜悉从之[1]。若丧服则当遵朝制，正礼也，似无俟余赘为之补遗[2]者。但窃伤今世之于丧礼，往往随众行事，而曾不顾其败伦伤化，则风俗何由而善哉！故不得已，复纂数条，其礼文则一依《文公家礼》为主，若丧服则一依朝制为主，而其他末俗之弊则尽革去之，庶乎四礼完备，而可无遗憾矣乎。

夫丧以哀为主也，其有悖乎哀者皆非也。……其他若送丧者具酒食以邀丧主，主丧者亦丰饮食以为欢乐，或用鼓吹[3]以为得意，皆不孝忘亲之人也。若用僧人响钹[4]，及多设纸人、纸马、纸兽、纸袠、彩亭之类，以为观美[5]，亦无知之辈也，其悉当革去也。……其巾履[6]则当用粗麻之巾、粗麻之履，或用草履，切不可用云头[7]以为华饰也。其衣服则没衣白布服在里、麻服在外。

【注释】

①悉从之：完全遵从。

②补遗：拾缺补遗。

③鼓吹：吹吹打打。

大儒巷河埠

④响钹：敲钹唱经。

⑤观美：美观的装饰。

⑥巾履：穿戴的头巾、鞋子之类。

⑦云头：云状装饰物。

【评析】

王敬臣伤感于同代人对丧礼的糟糕态度，认为他们往往只是人云亦云，好讲排场而爱慕虚荣，却不顾如此操办丧礼会败坏伦常和有伤风化。他指出，必须改良这样的风俗，丧礼应当以哀伤为主，那些有悖于哀伤的礼仪都得取消。王敬臣要求改良和简化丧礼，不明真相的世人恐怕会以为他漠视孝道，但他其实是个大孝子。据明史记载与民间传说，王敬臣的父亲有一段时期患有疽背之疾，为减轻父亲的痛苦，王敬臣常常吸吮脓液，使父亲的病体渐渐得以恢复。又有一次，他父亲得了晕眩病，无法正常行走。为了便于照顾父亲，王敬臣每晚都睡在父亲床边的地下，连衣服也不脱，只要听到父亲的咳嗽声就立刻爬起来悉心服侍。王敬臣因此被世人称为“仁孝先生”。明朝万历年间，苏州知府朱文科还特地为他树立牌坊，题名为“仁孝坊”。

何士晋

何士晋，字武莪，江苏宜兴人。其父老来得子，族人贪图他家的财产，结党致其父于死地。继母吴氏将士晋藏匿于外家。何士晋读书稍有松懈，继母就拿出其父的血衣激励他。万历二十六年（1598）中进士。士晋持血衣上诉于官，令罪人皆抵法。授宁波推官，擢工科给事中，为人遇事敢言。天启初年，何士晋巡抚广西，因击败安南有功，擢升兵部右侍郎，总督两广军务，兼巡抚广东。魏忠贤当道时，何士晋得罪阉党，削官归乡。

《宗规》是何士晋为族人制订的一部规约，对家族管理与族众言行做出了周详规定。全书包括十六条：乡约当遵、祠墓当展、族类当辨、名分当正、宗族当睦、谱牒当重、闺门当肃、蒙养当豫、姻里当厚、职业当勤、赋役当供、争讼当止、节俭当崇、守望当严、邪巫当禁、四礼当行。

【家训节选】

曰尊尊[1]，曰老老[2]，曰贤贤[3]。名分属尊行者，尊也，则恭顺退逊，不敢触犯；分属虽卑而齿迈众[4]，老也，则扶持保护，事以高年之礼；有德行族彦[5]，贤也，贤者乃本宗桢干[6]，则亲炙之、景仰之，每事效法，忘分忘年以敬之，此之谓三要。

曰矜[7]幼弱，曰恤[8]孤寡，曰周窘急，曰解忿竞[9]。幼者稚年，弱者鲜势[10]，人所易欺，则矜之，一有矜悯之习，自随处为之效力矣。鳏寡孤独[11]，王政所先，况乎同族，得于耳闻目击者乎，则恤之，贫者恤以善言，富者恤以财谷，皆阴德也。衣食窘急，生计无聊[12]，命运亦乖[13]，则周之，量己量彼，可为则为，不必望其报，不必使人知，吾尽吾心焉。人有忿则争竞，得一人劝之气遂平，遇一人助[14]之气愈激，然当局而迷者多矣，居间解之，族人之责也，亦积善之一事也，此之谓四务。

……

族中各父兄须知子弟之当教，又须知教法之当正，又须知养正之当豫[15]。七岁便入乡塾，学字学书，随其资质。渐长有知识，便择端悫[16]师友，将正经书史，严加训迪[17]，务使变化气质，陶镕德性。他日若做秀才、做官，固能为良士、为廉吏，就是为农、为工、为商，亦不失为醇谨[18]君子。

……

士、农、工、商，所业虽不同，皆是本职。勤则职业修，惰则职业隳。修则父母妻子仰事俯育有赖[19]，隳则资身无策，不免姗笑[20]于姻里。然所谓勤者，非徒尽力，实要尽道。如士者，则须先德行，次文艺。切勿因读书识字，舞弄文法，颠倒是非，造歌谣，匿名帖。举监生员不得出入公门，有玷行止。士宦不得以贿败官，贻辱祖宗。农者不得窃田水，纵牲畜作践，欺赖佃租。工者不得作淫巧[21]，售敝伪器什。商者不得纨绔冶游，酒色浪费。

——《宗规》

【注释】

①尊尊：尊敬长辈。

②老老：护持老人。

③贤贤：敬重贤者。

④齿迈众：年高之人。

⑤彦：出众。

⑥桢干：骨干人员。

⑦矜：保护。

⑧恤：救济。

⑨忿竞：犹忿争。

⑩鲜势：势单力薄。

⑪鳏寡孤独：泛指没有劳动力而又没有亲属供养、无依无靠的人。

⑫无聊：无所依靠。

⑬乖：不顺。

⑭助：助长，挑唆。

⑮豫：准备。

⑯端悫：正直诚谨。

⑰训迪：教诲启迪。

⑱醇谨：谆厚谨慎。

⑲有赖：有所依靠。

⑳姗笑：讥讽嘲笑。

㉑淫巧：过于精巧而无益的技艺与制品。

【评析】

尊敬长辈、护持老人、敬重贤者，这就是所谓的“三要”。保护幼儿弱小者、救济孤儿寡妇鳏夫、周济经济穷困的人、调解心怀怨恨相互竞争的人，这就是所谓的“四务”。何士晋强调教育子弟要以德为先，以培养子弟良好的品行。他要求族中父老兄弟必须知晓应当好好教育子弟的道理，要求他们必须知道正当的教育方法。何士晋还要求族人勤劳于本业，认为士人、农民、工匠和商人从事的职业虽然不同，但都是本分职业。他还认为，不仅做事情要全力以赴，而且还要弘扬道德。

宜兴古地图（局部）

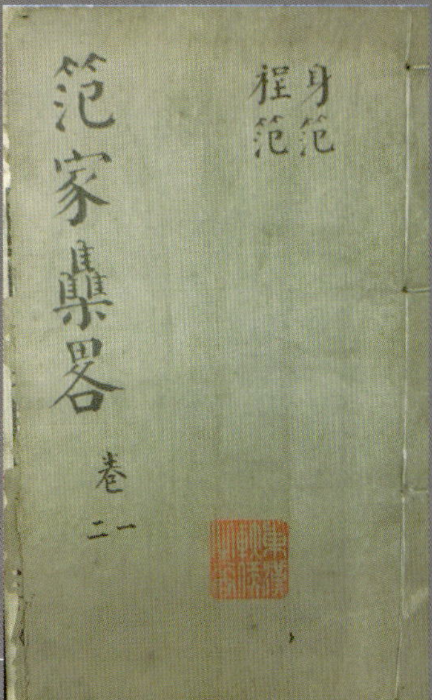
《范家集略》

秦　坊

秦坊（1583~1661），字表行，号俨尘，无锡人，是建立锡山秦氏义田的始祖。明末贡生，授光禄寺监寺。他感慨于明末世风日下，为更好继承优良家风，不至贻羞于先人，编撰《范家集略》六卷，包括《身范》《程范》《文范》《言范》《说范》与《闺范》。《范家集略》收录在《四库全书存目丛书》中。

【家训节选一】

坊不敏[1]，幼奉先君子彝训[2]，无敢陨越[3]，以贻我先人羞。慨世教陵夷，功利诈谋之积习盘结于中而不可破，父以之命子，兄以之启弟，夫以之戒妻，舍黄白与青紫[4]无闻焉。偶辑古今成训，凡有关于家教者汇为一编，命曰“范家集略”。大约训辞居十之七，而《身范》始之，而《闺范》终之。

——《范家集略》

【注释】

①不敏：愚笨，迟钝。

②彝训：指尊长对后辈的教诲、训诫。

③陨越：超出，违反。

④黄白与青紫：指发财与做官。

【评析】

秦坊批评当时卑劣的世风，批评人们心中盘结不去的功利积习，对人们热衷于升官发财的庸俗追求深恶痛绝。因此，他把古今道德教训中有关家训的内容编撰成书，以培养子孙后代良好的品行。

【家训节选二】

士大夫家子弟，自六七岁授书，至十五六，率皆握管成文[1]矣。此十年提命，一生根柢[2]也，惟先入之言为主。十年而熟闻道德之说，后虽有苏（秦）、张（仪）之势力不能入矣。十年而熟闻势力之说，后虽有孔、孟之道德亦不能入矣。此表行先生尤谆谆于《说范》也。父兄之训子弟之率[3]，惟在朝夕之浸灌滋润而已。

——《范家集略》

【注释】

①握管成文：下笔成文。

②根柢：草木的根，比喻事物的根基。

③率：遵从。

【评析】

这段文字强调家长平时的训导对子女成长的影响，认为家长的言传身教，正是子弟一生言行的根基。如果子弟十年间能够熟悉和亲近于道德文章，那么即使后来受到心术不正之徒的蛊惑，也不会动摇他们的朴实根基。

顾炎武

顾炎武（1613~1682），江苏昆山人，本名绛，别名继绅，字忠清、宁人，亦用名蒋山佣，南都败亡后，改名炎武。

在经学、史学、音韵学、文字学、舆地兵事、金石考古等领域，顾炎武都做出了开创性贡献。潘耒（字次耕）赞颂他为“通儒”，称颂他的学问为“通儒之学”，认为“天下无贤不肖，皆知先生为通儒也”。明清易代之后，顾炎武身怀亡国之痛，致力于反思明亡原因。他冷峻地总结明亡的历史教训，重新审视传统中的经学、史学、政治思想和文学思想等，致力于经世之学包括财赋、兵农、河漕、舆地、行政制度、音韵和礼学等的研究。他邃密于经术，又洞达实务，最终形成开物成务之学。针对晚明士子普遍颓废和学问上普遍空谈心性的情形，炎武旗帜鲜明地提出“行己有耻”和“博学于文”的观点，要求士子把做人和做学问统一起来。

顾炎武雕像（王广成摄）

【家训节选一】

况鄙人情事与他人不同。先妣以三吴奇节[1]，蒙恩旌表，一闻国难，不食而终，临没丁宁[2]，有无仕异朝之训。辛亥之夏，孝感特柬相招，欲吾佐之修史，我答以果有此命，非死则逃。原一在坐与闻，都人士亦颇有传之者。耿耿此心，终始不变！幸以此语白[3]之知交。

——《答潘次耕》

【注释】

①奇节：清奇的节操。

②丁宁：叮咛。

③白：告知。

【评析】

《答潘次耕》出自《蒋山佣残稿》卷三，写于康熙十八年（1679）。信中表达的主要是顾炎武坚决不与清廷合作的态度。由于母亲临终“无仕异朝”的遗命，是否出仕清廷，对顾炎武名节的保持至关重要。因此，当他得知自己将被举荐博学鸿词科时，不禁焦虑万分。文中表现了顾炎武不忘母命而坚决不出仕清廷的崇高气节和决绝气概。

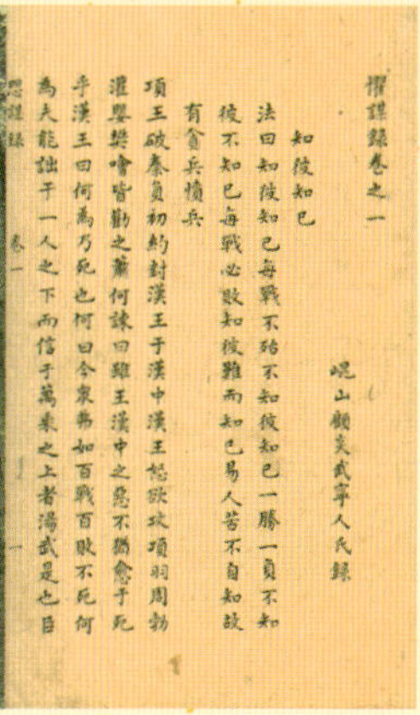

懼謀錄卷之一
崐山顧炎武寧人氏錄
知彼知己
法曰知彼知己每戰不殆不知彼知己一勝一負不知
彼不知己每戰必敗知彼難而知己易人苦不自知故
有貪兵憤兵
項王破秦負初約封漢王于漢中漢王怒欲攻項羽周勃
灌嬰樊噲皆勸之蕭何諫曰雖王漢中之惡不猶愈于死
乎漢王曰何為乃死也何曰今衆弗如百戰百敗不死何
為夫能詘于一人之下而信于萬乘之上者湯武是也臣
懼謀錄 卷一

民国时期顾炎武墓地（左，王广成提供）

顾炎武《惧谋录》（右，王广成提供）

【家训节选二】

原一南归，言欲延次耕同坐。在次耕今日食贫居约，而获游于贵要之门，常人之情，鲜不愿者。然而世风日下，人情日谄；而彼之官弥贵，客弥多，便佞者留，刚方者去。今且欲延一二学问之士，以盖群丑，不知熏莸①不同器而藏也。

吾以六十四之舅氏主于其家，见彼蝇营蚁附②之流，骇人耳目。至于征色发声③而拒之，乃仅得自完④而已，况次耕以少年而事公卿，以贫士而依庑下⑤者乎？夫子言："吾死之后，则商也日益，赐也日损。"子贡之为人，不过与不若己者游，夫子尚有此言。今次耕之往，将与豪奴狎客朝朝夕夕，不但不能读书为学，且必至于比匪之伤⑥矣！孟子曰："饥者甘食，渴者甘饮，是未得饮食之正⑦也，饥渴害之也。"今以百金之修脯⑧，而自侪于狎客豪奴，岂特饥渴之害而已乎？荀子曰："白沙在泥，与之俱黑。"吾愿次耕学子夏氏之战胜而肥⑨也。"吾驾不可回"，当以靖节之诗为子赠矣。

——《与潘次耕书》

【注释】

①熏莸：香草和臭草。

②蝇营蚁附：像苍蝇一样营营往来，像蚂蚁一样彼此依附。比喻不顾廉耻，趋炎附势，到处钻营。

③征色发声：表现于声色。

④自完：自保，自全。

⑤依庑下：寄人篱下。

⑥比匪之伤：出自《易》中的"比"卦："比之匪人，不亦伤乎？"比，接近。匪，行为不端正的人。

⑦正：通证，即证明。

⑧修脯：干肉，此处指薪金。

⑨子夏氏之战胜而肥：此典故出自《韩非子·喻老》，"子夏见曾子，曾子曰：'何肥也？'对曰：'战胜，故肥也。'曾子曰：'何谓也？'子夏曰：'吾入见先王之义则荣之，出见富贵之乐又荣之，两者战于胸中，未知胜负，故瘦。今先王之义胜，故肥。'是以志之难也，

不在胜人，在自胜也。故曰：‘自胜谓之强。’”此处的意思是：希望潘耒能够克制富贵之心而就于义，也就是不去原一（徐原一）家。

【评析】

此信出自《亭林余集》，写信的目的在于劝阻弟子潘耒参与徐原一在太湖所开设的书局。徐原一即顾炎武的外甥徐乾学，康熙九年进士，授翰林院编修，官至刑部尚书。顾炎武虽然是徐乾学的亲舅舅，但对他入清廷做高官却颇有微词，对他权贵的做派更是不以为然。徐乾学当时在太湖边开设书局，需要延揽人才，潘耒即在他征召之列。他认为徐乾学官位越来越重，家里宾客中正直的人却越来越少，而谄媚奉迎的人却越来越多，其中卑鄙龌龊的行为实在令人触目惊心。可见，虽然徐乾学是其亲外甥，但顾炎武的批评却毫不掩饰。顾炎武之所以如此不留情面地批评外甥，正是为了告诫潘耒不要与他们同流合污。书信字里行间表露出来的真情直率坦荡，令人深思。

顾炎武塑像（陈益提供）

金　敞

金敞（1618~1699），字廓明，号暗斋，江苏武进人，寓居靖江。金敞学术出于东林，曾遍游天下。明朝覆亡后，他隐居于家乡。

金敞少负气节，有经邦济世大才。曾从宜兴汤之锜游学，虽然长之锜三岁，他却执礼恭谨。之锜去世后，他居梁溪，立山居会约。病重之际，他呼唤弟子取缶，吐血盈器，留下遗言道："一腔热血尽矣！"于是逝世。七年之后，弟子们集资刻印遗著，即《金暗斋先生集》。大儒李颙为之作序，盛赞其"真理学""真气节"。

金敞编撰的《家训纪要》一卷，摘录其父著述中有关教训子孙的内容，阐述了有关做人、处世、读书和教子等方面的道理。《宗范》一卷载于《金暗斋先生集》卷十二，主要辑录前人有关做人、治家和教子的嘉言懿行，包括守身、保家、诒谋、事亲、兄弟、夫妇与睦族七篇。

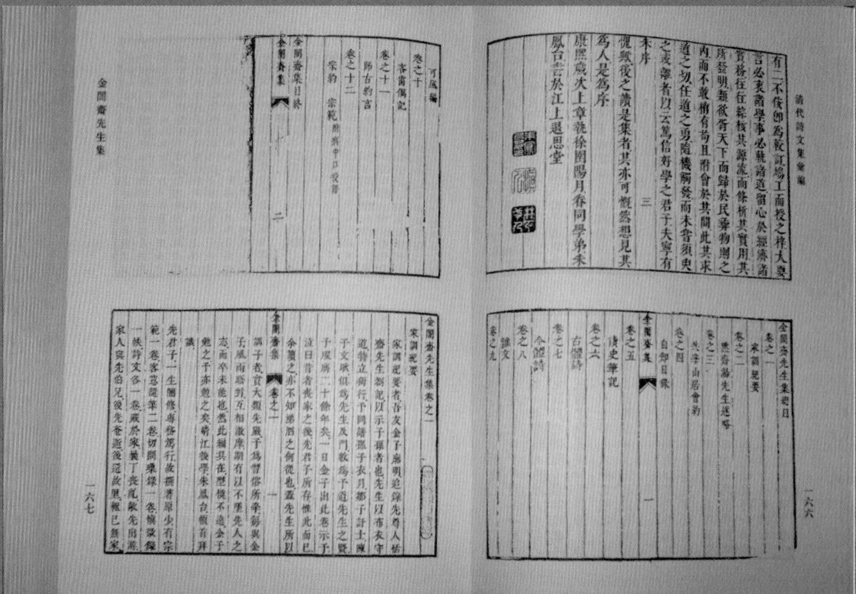

《金暗斋先生集》

【家训节选一】

人不知自力，每欲恃人以为固，未有不立见败亡者。即如邑中某某，承父兄之宠荣，骄恣[1]成性，自以为磐石之安。一旦父兄即世[2]，宠荣衰落，外侮毕集，便颠蹶困顿，几无以自存。乃知人不自力，虽以父兄之亲，犹不可恃，况其内外焉者乎？然则何以自力？曰崇德、修慝、辨惑。此自力之实也。

所以欲求友者，欲辅成吾德耳。若工为媚悦，导之骄逸，谈人过失，间人骨肉，诱殖货利，以丛汝之怨、丧汝之志者，其为益汝耶？损汝耶？宜近耶？宜远耶？唯汝自审之。

人一生第知多殖财以厚吾子孙，不知教之以义，使子孙亦但知有利之可好，以至互相争怨，无有宁息。人见其兄弟不睦，外侮毕至，祸败侵寻[3]，此岂其子孙之罪哉？

凡人志向之邪正，其根本皆植于童蒙之时，盖童子原以先入之言为主。教之者，须以孝弟忠信之事反复讲解，日渐月磨，使其天性自然开发，故引而之于善也不难。若以儇薄[4]口语，夸靡货贿之习，诱进而奖劝之，则其知识渐启，必与善日远、与恶日近……虽圣人复生，亦无匡正之法矣，可不畏哉！

【注释】

①骄恣：跋扈骄横。

②即世：过世，去世。

③侵寻：渐进，渐次发展。

④儇薄：轻佻浅薄。

【评析】

金敞告诫子孙，为人要自立自强。如果一个人不自力更生，只知道一味依赖人，那么很快就会陷入困顿、沉沦的境地。何谓自力更生？就是充实修养、改进内心的思想、拥有明辨的智慧。关于交友之道，当以能提升自己道德的人为友。因为寻求朋友的目的，就是为了相互辅助以修养德行。要以礼义教育子女，使他们从小培养良好的品行。凡人的志向都培植于童年发蒙之时，教育者应当向他们反复讲解孝悌忠信之事，使他们的天性自然开发出来，以便引导他们向善。

【家训节选二】

昔人[1]尝言：今之相视如途人[2]者，其初兄弟也；兄弟之初，一人之身也。嗟乎！此一人之身，即吾与通族之人之本也。念至于此，则墟墓自不忍不爱护，岁时自不忍不祭祀，会宗族自不忍不相敦睦，此诚以本之所在故也。

一家有一家之名分，循之则和以安，违之则祸败立见而不可救，推之一族亦然。盖名分者，人道之纲维，未有纲维不立而犹得自存者也。

凡人之心，为善则安，为不善则不安，初非以有所劝而始为善，有所惩而始不为恶也。然善者以有所劝，而为善愈力；恶者以有所惩，而去恶愈决。则善者日益多，恶者日益少，不可谓非宗党之福也。

【注释】

①昔人：古人，从前的人。

②途人：路人。

【评析】

同族之人同根所生，理当和睦相处。要爱护祖宗坟墓，每年清明要虔诚祭祀，如此一来，宗族之内的凝聚力就会增强，那么宗族聚会时自然就会亲善和睦。族人理当遵循名分，遵守礼法。名分是人道的纲维，名分立，人道才能保存。应当在族内设置善恶簿，记载族人的善恶言行，以达到劝善惩恶的目的。其中的道理就在于，好人因为得到奖劝，就会更加尽力地做善事；恶人因为担心遭到惩罚，就会更加彻底地革除恶念、恶行。

【家训节选三】

千罪百恶，皆从傲生，傲则自高自是，不肯下人；至不肯下人，则无不集之祸。

不自重者取辱，不自畏者招祸，吉凶悔吝，何关于天！

治家之道，与其过宽，宁过严。虽觉防范太过，无宽裕气象，终则吉。故家将兴，父子、夫妇皆济济有礼[①]，于肃正[②]之中自然雍睦。一宽纵太过，则父不父，子不子，夫妇不成夫妇，乱伦败度，无所不有，乖争陵犯[③]之风，反自此起矣。

教子者，先宜去其傲心，养其谦德，使能温恭谦让，行无邪僻，虽终身韦布[④]，亦不失为克家之子。苟不知谦顺，好自高大，纵使发科取第，才名盖世，适足以招尤贾祸，非全身保家之道也。

【注释】

①济济有礼：端庄礼敬。

②肃正：肃穆中正。

③乖争陵犯：意气相争与以下犯上。

④韦布：指平民。

【评析】

关于做人的道理，作者认为最重要的是要虚心，要懂得自尊自重，要懂得敬畏。一个家庭如果要兴旺发达，那么父子、夫妇之间就要彼此端庄礼敬，以养成和睦的家庭氛围。如果彼此骄纵，父亲不像父亲，子女不像子女，夫妇不像夫妇，那么就会导致紊乱伦常和败坏法度的糟糕后果。在教育儿子的问题上，作者认为首要之务是消除其傲慢之心，以培养其谦虚的美德。

王氏家族的『四代一品』牌坊

王时敏

王时敏（1592~1680），字逊之，号烟客，晚号西庐老人，江苏太仓人，著名画家。明末时因门荫授官尚宝丞，后任太常寺少卿，入清后隐居不仕。他曾向董其昌学画，并得真传。王时敏绘画主张摹古，笔墨含蓄，苍润松秀，浑厚清逸，在清代影响极大，与王鉴、王翚、王原祁并称“四王”。“四王”外加恽寿平、吴历，合称“清六家”。

崇祯五年（1632），他称病辞官，隐居西田别墅，潜心绘画研究与创作，并悉心指导子孙辈的学业。膝下九子，多在清廷为官，其中八子王掞官至文渊阁大学士兼礼部尚书，直经筵、典会试。其孙王原祁，康熙九年（1670）中进士后，入值南书房，充《佩文斋书画谱》总裁，主持绘制《万寿盛典图》。

康熙九年，王家家道兴盛，王掞、王原祁叔侄二人同登进士榜。王时敏忧虑子孙后代骄矜惹祸，于是作《奉常家训》，以为子孙持盈保泰之计。全书包括“首先敦睦”“省察功过”“敬恭桑梓”“慎收奴仆”与“早完国课”五款。

【家训节选】

家之兴替，在礼义不在富贵。所谓礼义者，其类多端，而孝友敦睦为首务[①]。循行之，则虽贫贱为兴；反是，则虽荣盛为替。盖天性至亲，莫如兄弟，犹身之肢体连心，木之枝叶附本，未有四肢残而腹心不溃，枝叶瘁[②]而本根不拨者。

——《奉常家训·首先敦睦款》

……

凡生同土壤、周旋累世者，非系戚党，即属交游。或其子孙衰替，久断往还；或市井谋生，衣冠路隔，而其始未尝不情联故旧，谊洽[③]比邻。古人仕宦过里门而下车，良有深意。岂可以忽慢视之，气焰凌之。

今子孙一时幸叨甲第[④]，较前似处盈满，方切兢惕。恐蠢奴愚昧，妄谓可以恢张[⑤]，遂复弛放。特行严饬[⑥]，务必旧加倍敛戢，遇人倍加恭敬。倘有人以非礼相加者，吞声忍受，唾面自干，不得辄有回答，致生事端。总之，吃亏一分，讨一分便宜；浑厚一分，养一分元气，与己有益无损也。

——《奉常家训·敬恭桑梓款》

【注释】

①首务：首要之务。

②瘁：枯萎。

③谊洽：情谊相连融洽。

④幸叨甲第：有幸中了进士。

⑤恢张：张扬炫耀。

⑥严饬：严加整治，严肃告诫。

【评析】

王时敏告诫子孙，家族兴衰的关键在于礼义。“首先敦睦款”强调子孙要孝友敦睦，这是因为礼义虽然繁多，但归根结底，孝友敦睦是第一位的。遵循孝友敦睦，那么家族迟早会兴旺发达；如果做不到孝友敦睦，那么家族必定会没落。“敬恭桑梓款”要求家人善待乡邻，这是因为从根本上来说乡人之间或多或少总存在着亲缘关系，因此不可不恭敬地对待他们。面对众多子弟科举进士的大好消息，王时敏反而异常警醒。他要求子弟们要低调、收敛，待人要更加谦虚恭敬。

冯　班

冯班（1602~1671），字定远，号钝吟，江苏常熟人，明末文学家、书法家。冯班年幼时智慧超人，与其兄冯舒齐名，人称“海虞二冯”。但随着长大成人，兄弟俩却分道扬镳。冯舒很快就考中科举，踏上仕途。而冯班却屡试不第，因此一气之下，弃绝科举，专心治学。冯班治学极其刻苦，常常独坐冥思苦想，一有所得，就喜欢吟诵出来，声高且慢，似有所堵而不能畅发，所以名钝吟，自号“钝吟居士”。冯班一生愁苦潦倒，但性格正直刚毅，不愿屈身佞事，因而常有怀才不遇的感慨。每当好友相聚，他往往举杯痛饮，然后就旁若无人地号啕大哭。人们都以为冯班得了痴症，又因他排行第二，所以叫他“二痴”。

冯班一生著述颇丰，有《钝吟杂录》十卷、《钝吟集》十卷。另有《常熟二冯先生集》，是与其兄冯舒的合集。在《钝吟杂录·家诫》中，冯班把自己的人生阅历与读书体会形诸笔墨，以期对子弟成长有所助益。

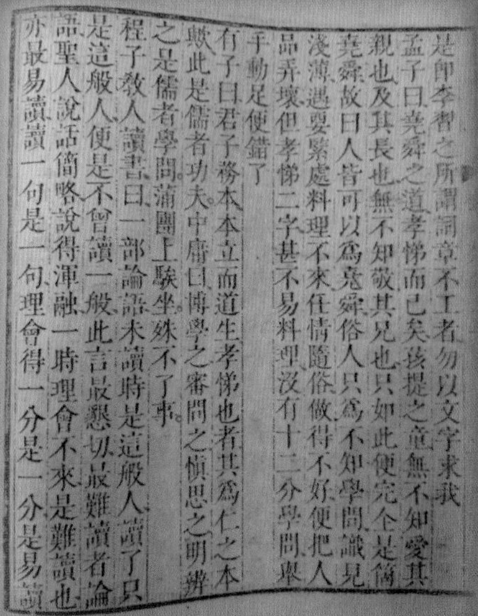
是即李賀之所謂詞章不工者勿以文字求我
孟子曰堯舜之道孝悌而已矣孩提之童無不知愛其
親也及其長也無不知敬其兄也只如此便完全是箇
堯舜故曰人皆可以爲堯舜俗人只爲不知學問識見
淺薄遇要緊處料理不來任情隨俗做得不好便把人
品弄壞但孝悌二字甚不易料理沒有十二分學問舉
手動足便錯了
有子曰君子務本本立而道生孝悌也者其爲仁之本
歟此是儒者功夫中庸曰博學之審問之慎思之明辨
之是儒者學問蒲團上騃坐殊不了事
程子教人讀書曰一部論語未讀時是這般人讀了只
是這般人便是不曾讀一般此言最懇切最難讀者論
語聖人說話簡略說得渾融一時理會不來是難讀也
亦最易讀讀一句是一句理會得一分是一分是易讀

冯班《钝吟杂录》

【家训节选】

君子之孝，莫大于教。子孙教得好，祖宗之业便不坠[1]于地。不教子弟，是大不孝，与无后等。

……

为子弟择师是第一要事。慎无取太严者，师太严，子弟多不令，柔弱者必愚，刚强者怼[2]而为恶，鞭扑叱咄之下，使人不生好念也。凡教子弟，勿违其天资，若有所长处，当因而成之。教之者，所以开其知识也；养之者，所以达其性也。年十四五时，知识初开，精神未全，筋骨柔脆，譬如草木，正当二三月间，养之全在此际。

……

开卷疾读，日得数十卷，至老死不懈，可曰勤矣，然而无益。此有说也：疾读则思之不审[3]；一读而止，则不能识忆其文。虽勤读书，如不读也。读书勿求多，岁月既积，卷帙自富。经史大书，只一遍读亦不尽。

——《钝吟杂录·家诫》

【注释】

①坠：沉沦，没落。

②怼：怨恨。

③审：精深。

【评析】

关于教育子弟，作者认为，子孙教养得好，那么祖宗家业就能长保，而不致没落。教育子弟，最要紧的是要选择好老师，同时要因材施教，也就是要按子弟的天资而教育。如果子弟拥有某方面的天赋，就应当因其天赋而教育他。关于读书治学，作者指出，读书不要一味求快、求多，只要养成每日读书的好习惯，那么长年累月下来，自然就能读书无数而眼界大开。

朱用纯

朱用纯（1627~1698），字致一，号柏庐，江苏昆山人，明末清初著名理学家、教育家。崇祯十六年（1643），朱用纯补诸生为秀才。入清后，他隐居教读，居乡教授学生。与徐枋、杨无咎合称“吴中三高士”。

终其一生，朱用纯未尝忘怀故国志节与克己修身之理学。他生平严以律己，对当时愿和他交往的官吏、豪绅，以礼自持。朱用纯著有《愧讷集》《毋欺录》《治家格言》《劝言四则》等。其中，《治家格言》从治家的角度阐述安全、卫生、饮食、房田、婚姻、读书、教育等诸方面的问题，其核心宗旨在于让人成为正大光明、读书明理、生活朴素和宽容善良的人。《劝言四则》与《治家格言》一脉相承，是劝人为善的劝世文，包括《敦孝弟》《尚勤俭》《读书》《积德》四篇。清代学者陈宏谋将《劝言四则》收入《训俗遗规》，并高度评价说：“其义则该括而无遗，充其量可以希圣贤，否亦不失为寡过。”

朱用纯作品

苏州阳山朱氏草庐

【家训节选一】

黎明即起，洒扫庭除[1]，要内外整洁；既昏[2]便息，关锁门户，必亲自检点。

一粥一饭，当思来处不易；半丝半缕，恒念物力维艰。

宜未雨而绸缪[3]，勿临渴而掘井。

自奉[4]必须简约，宴客切勿流连。

器具质而洁，瓦缶[5]胜金玉；饮食约而精，园蔬愈珍馐[6]。

勿营华屋，勿谋良田。

——《治家格言》

【注释】

①庭除：厅堂院落。

②昏：天刚黑时。

③未雨而绸缪：比喻事先做好工作。

④自奉：自己日常生活的供给或消费。

⑤瓦缶：小口大腹的瓦器，指粗劣的器具。

⑥珍馐：珍奇名贵的食物。

【评析】

这几句家训主要强调勤俭正身持家的道理。起首一句“黎明即起，洒扫庭除，要内外整洁；既昏便息，关锁门户，必亲自检点”说的是天亮就起来，把庭院打扫干净，也把自己收拾清爽，干干净净地迎接新的一天。初看起来极为朴实，但深入思考、从容涵泳之下，我们却能发现其中的希圣希贤之道。前半句写的是“勤”，后半句写的是“谨”。“一屋不扫，何以扫天下？”做事，应当从身边小事做起。日出而作，闻鸡起舞，表现的都是一个“勤”字。日落而息，亲自检点门户，体现的正是“谨慎”。总之，家训的第一句话告诉我们，做人首要的事情，就是要早起、勤劳和整洁。反映在修身上的道理就是，要自强不息，要为人恭敬，要时刻使身心保持清洁。

接下来，朱用纯特别强调了勤俭的重要，要求我们懂得惜福报恩，要节约。粥饭思不易，丝缕念维艰。其中体现的，正是惜福、惜物，是对劳动的尊重。正如唐代诗人李绅所说：“锄禾日当午，汗滴禾下土。谁知盘中餐，粒粒皆辛苦。”朱用纯其实也在告诫子弟要知足，要认识到温饱来之不易。

【家训节选二】

祖宗虽远，祭祀不可不诚；子孙虽愚，经书[1]不可不读。

居身[2]务期质朴，教子要有义方[3]。

勿贪意外之财，勿饮过量之酒。

与肩挑贸易[4]，勿占便宜；见贫苦亲邻，须加温恤[5]。

——《治家格言》

【注释】

①经书：儒家经典著作。

②居身：立身处世或修身。

③义方：行事应该遵守的规范和道理。多指家教。

④肩挑贸易：指肩挑货物、走街串巷做买卖的小商贩。

⑤温恤：体贴抚慰。

江苏好家训

【评析】

在这几句家训中，朱用纯首先告诫子弟，对待祖宗，祭祀要诚心。每逢节日虔诚地祭祖，有助于培养仁孝之心、仁厚之心，也就是在培养人生的根基。根基坚实了，人的生命就会丰茂，就会硕果累累。对待子孙，要让他们多读圣贤之书。读书不仅仅是为了求取功名，而更是为了希圣希贤，是志在圣贤。孔子说："巧言令色，鲜矣仁。"经常说甜言蜜语的，大概不会是仁德之人。做人应当朴实无华，要多做少说，正所谓"君子欲讷于言而敏于行。"

其次，朱用纯提出要以规矩教育子女。对家族兴衰来说，家教是关键。《三字经》中也说："窦燕山，有义方，教五子，名俱扬。"窦燕山就是教子成功的典范。

第三，朱用纯强调不能占小便宜，为人要慈悲。做人不能贪意外之财。不是你的，就不能强取豪夺。不能饮过量之酒。醉酒会乱性，醉酒会误事，醉酒可能会祸从口出，这些也都是生活常识，但要坚持做到，却不太容易。《弟子规》中说："年方少，勿饮酒；饮酒醉，最为丑。"酒后若失态，往往就会乐极生悲。

第四，朱用纯指出对穷人不能落井下石，而是要雪中送炭。小商小贩经常要冒着严寒酷暑走街串巷，获利微薄，如果再占他们的便宜，于心何忍？因此千万不能占他们的小便宜，不能与他们斤斤计较。看见穷苦的乡亲邻里，就应该尽力救济体恤。

【家训节选三】

勤与俭，治生[①]之道也。人情莫不贪生而畏死，然往往自绝其生理[②]者，不勤不俭之故也。不勤则寡入，不俭则妄费。寡入而妄费，则财匮；财匮，则苟取[③]，愚者为寡廉鲜耻之事，黠者入行险徼幸[④]之途。生平行止，于此而丧；祖宗家声，于此而坠。呜呼！生理绝矣！又况一家之中，有妻有子，不能以勤俭表率，而使相趋于贪惰，则既自绝其生理，而又绝妻子之生理矣！

勤之为道，第一要深思远计。事宜早为、物宜早办者，必须预先经理。若待临时，仓忙失措，鲜不耗费。第二要宴眠蚤起[⑤]。侵晨而起，夜分而卧，则一日而复得半日之功。若早眠宴起，则一日仅得半日之功。无论天道必酬勤而罚惰，即人事赢诎亦已悬殊。第三要耐烦吃苦。若不耐烦吃苦，一处不周密，一处便有损失耗坏。故事须亲自为者，必亲自为之；须一日为者，必一日为之。人皆以身习劳苦为自戕其生[⑥]，而不知是乃所以求生也。

俭之为道，第一要平心忍气。一朝之忿，不自度量，与人口角斗力，构讼经官。事过之后，不惟破家，或且辱身，悔之何及。第二要量力举事。如土木之功，婚嫁之事，宾客酒席之费，切不可好高求胜，一时兴会，所费不支。后来补苴[⑦]，或行称贷，偿则无力，逋则丧德，何可乃尔？第三要节衣缩食。绮罗之美，不过供人之叹羡而已。若暖其躯体，布素[⑧]与绮罗何异？肥甘之美，不过口舌间片刻之适而已。若自喉而下，藜

朱用纯铜像

藿[9]与肥甘何异？人皆以薄于自奉为不爱其生，而不知是乃所以养生也。

此在故家子弟，尤宜加意。盖不勤不俭，约有二病：一则纨袴成习，素所不谙；一则自负高雅，无心琐屑。乃至游闲放荡、博弈酣饮，以有用之精神而肆行无忌，以已竭之金钱而益喜浪掷。此又不待苟取之为害，而已自绝其生理矣。

孔子曰："谨身节用，以养父母。"可知孝弟之道、礼义之事，惟治生者能之，又奈何不惟勤俭之为尚也。

——《劝言四则·尚勤俭》

【注释】

①治生：经营家业，谋生计。

②生理：此处指生活、生计。

③苟取：任意求取。

④行险徼幸：冒险行事以求利。

⑤宴眠蚤起：晚睡早起。

⑥自戕其生：伤害自己的生活。

⑦补苴：补缀，弥补。

⑧布素：布衣素服。

⑨藜藿：指粗劣的饭菜。

朱柏庐治家格言

【评析】

勤俭是中华民族的传统美德。勤劳可以开源，简朴则能节流，两相结合，自然能促进家道中兴，使得国富民强。作者首先批评了不勤不俭的危害性，认为入少出多就必定导致家庭财产的匮乏；由懒惰引发的贫穷，就会轻易使人走上歪门邪道，也就是用不正当的手段索取财物。如此就会使人道德堕落，使妻子儿女染上贪婪和懒惰的恶习，使祖宗名声蒙尘。如何做到勤？作者认为一要心勤，即深谋远虑、凡事早做准备；二要身勤；三要能吃苦耐劳。如何做到俭？作者认为一要心平气和，要能忍耐，避免动辄诉讼导致倾家荡产的可怕后果；二要量力而行地做事情，切忌讲排场和摆阔气；三要节衣缩食，切忌浪费和奢华。在阐述勤俭的各项准则时，作者观点鲜明，论述丝丝入扣，朴实的语言中不时出现警世箴言。

【家训节选四】

读书须先论其人，次论其法。所谓法者，不但记其章句，而当求其义理[1]；所谓人者，不但中举人、进士要读书，做好人尤要读书。中举人、进士之读书，未尝不求义理，而其重究竟只在章句；做好人之读书，未尝不解章句，而其重究竟只在义理。故曰：读书先论其人，次论其法。

先儒谓今人不会读书，如读《论语》，未读时是此等人，读了后只是此等人，便是不曾读。此教人读书，识义理之道也。要知圣贤之书，不是为后世中举人、进士而设，是教千万世做好人，直至于大圣大贤。所以读一句书，便要反之于身：我能如是否？做一件事，便要合之于书：古人是如何——此才是读书。若只浮浮泛泛，胸中记得几句古书，出口说得几句雅话，未足为佳也。

所以又要论所读之书。尝见人家几案间摆列小说、杂剧，此最自误，并误子弟，亟宜焚弃。人家有此等书，便为不祥。即诗词歌赋，亦属缓事。若能兼通六经及《性理》《纲目》《大学衍义》诸书，固为上等学者；不然者，亦只是朴朴实实将《孝经》《小学》《四书》本注置在案头，尝自读，教子弟读。即身体而力行之，难道不成就好人，难道乡间[2]不称为自好之士？究竟实能读书、精通义理，世间举人、进士舍此而谁？不在其身，必在其子孙。

——《劝言四则·读书》

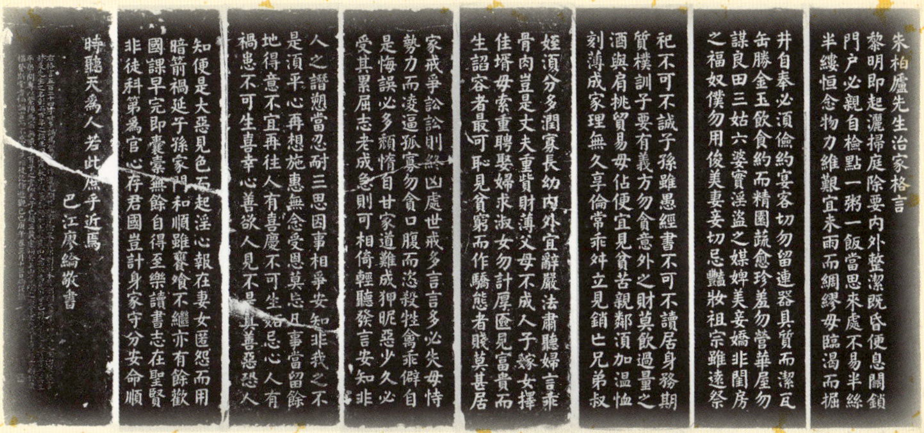

朱柏廬先生治家格言
黎明即起灑掃庭除要內外整潔既昏便息關鎖
門户必親自檢點一粥一飯當思來處不易半絲
半縷恒念物力維艱宜未雨而綢繆毋臨渴而掘
井自奉必須儉約宴客切勿留連器具質而潔瓦
缶勝金玉飲食約而精園蔬愈珍羞勿營華屋勿
謀良田三姑六婆實淫盜之媒婢美妾嬌非閨房
之福奴僕勿用俊美妻妾切忌豔妝祖宗雖遠祭
祀不可不誠子孫雖愚經書不可不讀居身務期
質樸訓子要有義方勿貪意外之財莫飲過量之
酒與肩挑貿易毋佔便宜見貧苦親鄰須加温恤
刻薄成家理無久享倫常乖舛立見銷亡兄弟叔
姪須分多潤寡長幼內外宜辭嚴法肅聽婦言乖
骨肉豈是丈夫重貲財薄父母不成人子嫁女擇
佳壻毋索重聘娶婦求淑女勿計厚奩見富貴而
生諂容者最可恥見貧窮而作驕態者賤莫甚居
家戒爭訟訟則終凶處世戒多言言多必失毋恃
勢力而凌逼孤寡勿貪口腹而恣殺牲禽乖僻自
是悔誤必多頹惰自甘家道難成狎昵惡少久必
受其累屈志老成急則可相倚輕聽發言安知非
人之譖愬當忍耐三思因事相爭安知非我之不
是須平心再想施惠無念受恩莫忘凡事當留餘
地得意不宜再往人有喜慶不可生妬忌心人有
禍患不可生喜幸心善欲人見不是真善惡恐人
知便是大惡見色而起淫心報在妻女匿怨而用
暗箭禍延子孫家門和順雖饔飧不繼亦有餘歡
國課早完即囊橐無餘自得至樂讀書志在聖賢
非徒科第爲官心存君國豈計身家守分安命順
時聽天爲人若此庶乎近焉
巳江廖綸敬書

《治家格言》石刻（徐耀民摄）

【注释】

①义理：言辞、文章的含义和观点。

②乡闾：乡亲，同乡之人。

【评析】

作为礼义之邦，中国自古以来就重视读书，甚至有“万般皆下品，唯有读书高”“书中自有黄金屋，书中自有颜如玉”的观点。作为一代大儒，朱用纯自然也极其重视读书。作者认为，读书的目的一定要明确。读书不仅仅是为了如世间俗人那般中举人、中进士，而是为了做个好人，甚至要立志做大圣大贤。读书不仅要记住章句，更要求得书中的义理。读书要做到时时反省，要身体力行，使读书与做人结合起来。当然，作者反对读小说与戏剧，认为应当焚毁它们，这个观点难免失之偏颇。

江蘇好家訓

【家训节选五】

积德之事，人皆谓：惟贵者然后其力可为，惟富者然后其财可为。抑知富贵者，积德之报。必待富贵而后积德，则富贵何日可得？积德之事何日可为？惟于不富不贵时能力行善，此其事为尤难、其功为尤倍也！盖德亦是天性中所备，无事外求[①]；积德亦随在[②]可为，不必有待。假如人见蚁子入水、飞虫投网，便可救之。此救之之心，不待人教之也。又如人见乞人哀叫，辄与之钱，或与之残羹剩饭。此与之之心，亦不待人教之也。即此便是德，即此日渐做去，便是积。独今人于钱财田产，皆他人所有者，却去孜孜[③]矻矻、经营日积；而于自己所全副完备之德，不思积之，又大败之，所不可解也。

今亦须论积之之序。首从亲戚始。苟于吾宗族亲党中有贫乏孤苦者，量力周给。尝见人广行施与，而不肯以一丝一粟援手于穷亲，亦倒行而逆施矣。次及于交与与凡穷厄之人。“朋友有通财之义”，固不必言；其穷厄之人，虽与我素无往来，要知亦是人类，本吾一体。况我生不幸，安知不遂至此？生则赈给，死则埋骨，亦当惟力是视，以全我恻隐之心。次及于物类。今人多好放生，究竟此为末务，有余力则行之，然此犹是费财者也。至有不须费财者，如任奔走、效口舌，以解人之厄、急人之病、周旋人之患难，不过劳己之力，更何容吝？又有不费财并不劳力者，如隐人之过、成人之善；又如启蛰不杀[④]，方长不折。步步是德，步步可积。但存一积德之心，则无往而不积矣；不存一积德之心，则无往而为德矣。

要知吾辈今日不富不贵、无力无财，可以行大善事、积大阴德，正赖此区区恻隐之心。就日用常行之中、所见所闻之事，日积月累，成就一个好人。亦不求知于世，亦不责报于天，但庶几生顺死安。若又不为，是真当面错过也。不富不贵时不肯为，吾又未知即富即贵之果肯为否也。

——《劝言四则·积德》

【注释】

①外求：求之于外。

②随在：随处。

③孜孜：勤勉，不懈怠。

④启蛰不杀：不杀春天的动物。

【评析】

儒家向来重视修养德性，将修身视为人生第一等事。正所谓“太上有立德，其次有立功，其次有立言，虽久不废，此之谓不朽”。作者首先批评了富贵之后方才积德的庸俗观点，指出积德行善是一个人天性中的事，不必等待特别的时机去积德行善，而随时可以进行。一个人，只要葆有天性中的恻隐之心，从身边小事做起，从亲近的亲戚邻里做起，逐渐推及朋友，乃至众生，那么日积月累下来，就能成为一个好人。

蒋伊

蒋伊（1631~1687），字渭公，号莘田，江苏常熟人。清代书画家、诗人。康熙十二年（1673）进士，任翰林院庶吉士，授御史，后迁广东粮储参议、河南按察提督学政等。他为官正直，体察民情，廉洁清苦，敢于向皇上直谏，有“公明第一”之称。性孝友，负才略，工诗文，善绘事。有《莘田诗文集》传世。他制订的《蒋氏家训》约六十则，包括祭祀祖先、管理子弟、家庭治理、男女婚嫁、处世准则、为官之道等内容。

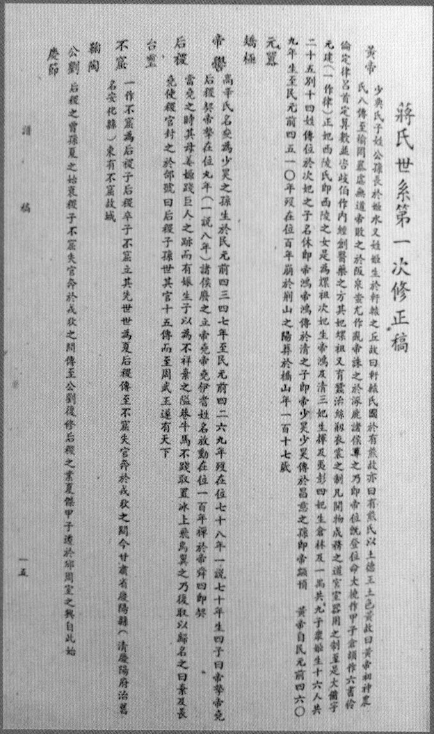

蔣氏世系第一次修正稿

黃帝　少典氏子姓公孫長於姬水又姓姬生於軒轅之丘故曰軒轅氏國於有熊故亦曰有熊氏以土德王土色黃故曰黃帝初神農
氏八傳至榆罔羣虛無道帝敗之於阪泉蚩尤作亂帝誅之於涿鹿諸侯尊之乃即帝位既登位命大撓作甲子倉頡作六書伶
倫定律呂首定算數並岐伯作內經創醫藥之方其妃嫘祖又育蠶治絲製衣裳之制凡開物成務之道宮室器用之制至是大備字
元建(一作律)正妃西陵氏即西陵之女是為嫘祖次妃生帝鴻及清三妃生揮及夷彭四妃生倉林及一禺共九子衆妃生十六人共
二十五別十四姓傳位於次妃之子名休即帝鴻帝鴻傳於清之子即帝少昊少昊傳於昌意之孫即帝顓頊　黃帝自民元前四六〇
九年生至民元前四五一〇年歿在位百年崩於荊山之陽葬於橋山年一百十七歲

元囂

嬌極

帝嚳　高辛氏名夋為少昊之孫生於民元前四三四七年至民元前四二六九年歿在位七十八年一說七十年生四子曰帝摯帝堯
后稷契帝摯在位九年(一說八年)諸侯廢之立帝堯帝堯伊耆姓名放勳在位一百年禪於帝舜四即契

后稷　當堯之時其母姜嫄踐巨人之跡而有娠生子以為不祥棄之隘巷牛馬不踐取置冰上飛鳥翼之乃復取以歸名之曰棄及長
堯使稷官封之於邰號曰后稷子孫世其官十五傳而至周武王遂有天下

台璽

不窋　一作不窟為后稷子后稷卒子不窋立其先世世為夏后稷傳至不窋失官奔於戎狄之間今甘肅省慶陽縣(清慶陽府治舊
名安化縣)東有不窋故城

鞠陶

公劉　后稷之曾孫夏之始衰稷子不窋失官奔於戎狄之間傳至公劉復修后稷之業夏桀甲子遷於豳周室之興自此始

慶節

譜稿　一五

常熟《蒋氏家谱》

【家训节选一】

每月朔望，弟子肃衣冠，先谒家庙，行四拜礼，读家训。次谒祖父祖母、父母师长、及嫡伯叔、嫡兄，俱长揖。春秋祭扫，先西山赠茔，次北山祖茔，次乌目墩始祖墓。祭品丰俭适中，行四拜礼。奠酒三爵毕，连叩四首。外祖妣朱氏墓，祭品用素。毛安人墓，止本家子孙致祭。

子弟举动，宜禀命家长。有败类不率教者，父兄戒谕之。谕而不从，则公集家庙责之。责之而犹不改，甘为不肖，则告庙摈之，终身不齿。有能悔心改过，及子孙能盖愆[1]者，亟奖导之，仍笃亲亲之谊。

友爱异母兄弟姐妹，不得溺妻子言。

——《蒋氏家训》

【注释】

①盖愆：指修德行善以弥补过去之罪恶。

【评析】

家庙是家族为祖先立的庙，既是供奉祖先的神主牌位、举行祭祖活动的场所，又是宣传和执行家训家规的地方，因此在祭祀仪式上要宣读家训。违反家训家规的不肖子孙要在家庙中受到惩处，严重的要被开除族籍，绑送官府。古人以此来约束家族成员的思想和行为，加强家族的内部管理。

【家训节选二】

早完官税，不得付托匪人，致有侵隐[1]，及贪小利，寄他人田于户上，致稽[2]国赋。

不得从事奢侈，暴殄天物。厨灶之下，不得狼籍米粒。下身里衣，不得用绫纱，其绵绸茧绸，或间用之。

不得逼迫穷困人债负，及穷佃户租税，须宽容之，令其陆续完纳。终于贫不能还者，焚其券。人有缓急挪移，取利不得过贰分。

每月朔望放生，家中戒杀，勿食牛犬肉。祭祀婚丧，及仕宦喜庆，俱市五净肉，不得特杀，子孙世世守之。

敬惜字纸，糊窗裹物，不得用有字纸张。僮仆有能善体此意者，亟奖励之。

不得用极低银，间有误收箧[3]中者，即弃之，勿误后人。

收租及各项出入，俱遵我所定准斛准斗，不得改易。

交易及买卖日用等类，不得以重等入，轻等出，及用大小秤。

仓场须常自检点，不可作贱五谷。

族党子弟，有志读书而贫不能达者，宜引掖[4]之。

宜慎交游，不可与便佞之人[5]相与[6]。少年心性把握不定，或落赌局、或狎邪[7]，渐入下流矣。

不得言人闺阃[8]。

——《蒋氏家训》

【注释】

①侵隐：侵吞和隐瞒。

②稽：迁延，拖欠。

③箧：小箱子。

④引掖：引导扶持。

⑤便佞之人：花言巧语、阿谀逢迎之人。

⑥相与：相交往。

⑦狎邪：行为放荡，品行不端。

⑧闺闱：借指闺房隐私。

【评析】

蒋伊在家训中特别告诫家人，为人处世应诚实无欺，如果误收不够分量的银钱，不能使用，应弃之勿误后人；“收租及各项出入，俱遵我所定准斛准斗，不得改易”；“交易及买卖日用等类，不得以重等入，轻等出，及用大小秤”。像交易活动中的这类规定，如此具体而明确的，在家训史上首推蒋伊。

【家训节选三】

不得破人婚姻。

不得恃才凌傲前辈，轻易非笑人文字。

和睦邻里族党，勿听家人及妇人言致争。

不得轻信巫祝，疾病须择良医，善自调摄不许祷赛[1]。

嫁娶不可慕眼前势利。择婿须观其品行；娶妇须观其父母德器[2]。一诺之后，不得因贫贱患难，遂生悔心。

不可好胜，作炫耀事。糜费财力至窘乏时悔无及矣。

不得为人买童婢送至远方，致人离乡背井，终身远父母兄弟。

不得谋人风水，方寸若好，吉地自得。

祖墓前，有地归我家，而冢是他人者，我子孙不可平之。遇事须平和处之，不得先兴讼端及讦人阴私、出人揭帖。若有出仕者，列款一事，恐波及无辜，尤须慎之。

——《蒋氏家训》

【注释】

①祷赛：祈神报赛。

②德器：道德修养与才识度量。

【评析】

《蒋氏家训》在勤俭持家、宽和待人、谨慎交友、行善积德等方面与其他家训有相似的地方，但也有自己鲜明的特色。比如在婚嫁问题上，家训规定要将品德放在首位，要求“嫁娶不可慕眼前势利。择婿须观其品行，娶妇须观其父母德器”。这对于那些轻德行、慕财势的家长颇有警示作用。特别可贵的是他还一反女子“从一而终”的封建礼教，告诉家人“妇人三十岁以内，夫故者，令其母家择配改适，亲属不许阻挠”。

钟于序

钟于序，字东泽，江苏溧阳人，清初学者。康熙八年（1669）举人，曾任绩溪教谕、通渭知县等职。著有《九州史》等。他认为，国有国法，家有家规，国无法则无治，家无规便无序。为了加强对家族的管理，他制订了《宗规》。其序云：“宗有规，犹国有律也。法律不明，则朝野无以为奉行之准；规条不饬，则家庭何以为服习之常？是以之古君子必著为章程，立之禁令，以垂训子孙。”全书包括敦孝悌、敬尊长、和乡党、饬女妇、务读书、勤本业、崇节俭、急官粮、禁赌博、戒充役十则，阐述了为人处世、和睦乡里、读书力学、勤俭持家等各方面的准则。

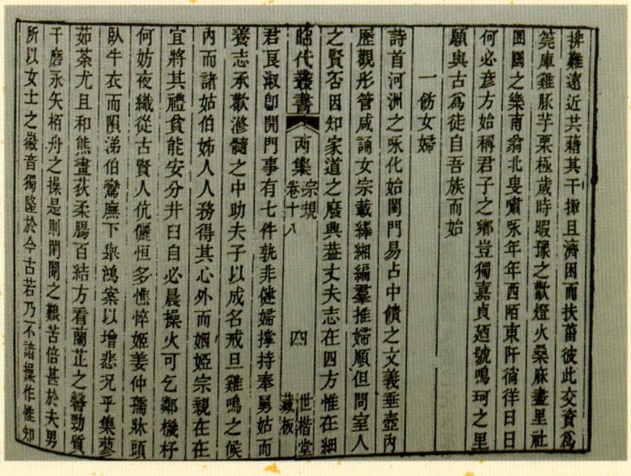

拼離遠近共藉其干掫且濟困而扶菑彼此交資爲
筦庫雞豚芋栗極歲時暇豫之歡燈火桑麻畫里社
團圞之樂南翁北叟肅豕年年西陌東阡徜徉日日
何必彥方始稱君子之鄉豈獨嘉貞逌號鳴珂之里
願與古爲徒自吾族而始

一 飭女婦

詩首河洲之𠂢化始閨門易占中饋之文義垂壼內
歷觀彤管咸誦女宗藏縴細編羣推婦順但問室人
之賢否因知家道之廢興蓋丈夫志在四方惟在細

昭代叢書 丙集 卷十八 宗規 四 世楷堂藏板

君戹淑卽閒門事有七件孰非健婦撑持奉舅姑而
養志承歡滫瀡之中助夫子以成名戒旦雞鳴之候
內而諸姑伯姊人人務得其心外而姻婭宗親在在
宜將其禮貧能安分井臼自必晨操火可乞鄰機杼
何妨夜織從古賢人伉儷恒多憔悴姬姜仲孺牀頭
臥牛衣而隕涕伯鸞廡下舉鴻案以增悲況乎集蓼
茹荼尤且和熊畫荻柔腸百結方看蘭芷之馨勁質
千磨永矢栢舟之操是則閨閫之艱苦倍甚於夫男
所以女士之徽音獨隆於今古若乃不諳操作惟知

钟于序《宗规》

【家训节选一】

堂堂七尺之躯，试问何人生我？渺渺九州之内，请看几个同胞？继乳育以抚摩，惟父母劬劳[1]莫甚；自丱弁而耄耋，独友昆情谊偏长。故五伦总属纲常，而百行尤先孝悌。凡吾族姓，宜共敦修。秀者泽诗书，务遂显扬之愿；朴者安耕凿，还勤甘旨[2]之供。手足由一体而分，须若鸣琴鼓瑟；枝叶本同根而出，何为煮豆燃萁？无如世俗易移，以致天亲不笃。或养成骄惰之气，定省全疏；或习惯纱夺之风，友恭尽失。或以后母而生猜忌，谁知闵子衣单？或以庶弟而肆欺凌，孰似薛包田瘦？种种乖离之习，皆非名教所容。然而堂构之贻，惭多因妻子；阋墙[3]之召，衅总为家财。割私爱而厚天彝[4]，自见堂前顺志；重人伦而轻长物，必无室内操戈。孝子还生孝孙，天道循环不爽；难兄更有难弟，家门昌炽[5]何疑？勿谓迂谈，咸期猛省。

——《宗规·敦孝悌》

【注释】

①劬劳：劳累，劳苦。

②甘旨：美味的食物。

③阋墙：指兄弟之间不和。

④天彝：天理。

⑤昌炽：兴旺，昌盛。

【评析】

中华民族向来重视家庭、重视亲情。在这则题为“敦孝悌”的家训中，作者认为孝悌是各种德行的根本，因为在我们成长的过程中，父母为我们历尽辛劳；从小到老，兄弟之间的情谊最深最久。而造成不孝不悌的原因，大多是为了争夺财产。如果人们能够克服自私自利之心，孝敬老人和友爱兄弟，就能使家庭和睦兴旺。

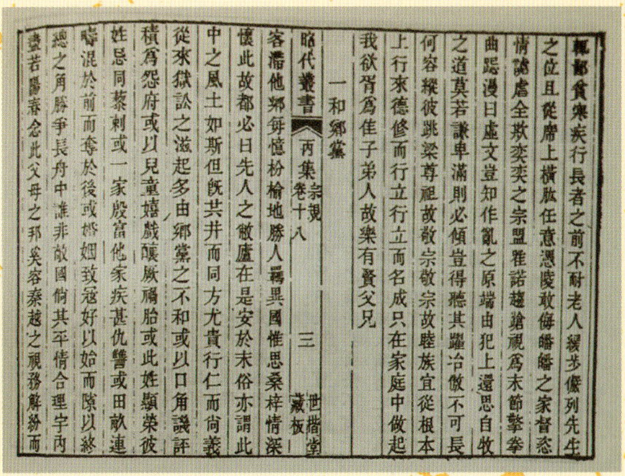

輒鄙貧寒疾行長者之前不耐老人緩步儼列先生
之位且從席上橫肱任意憑陵敢侮皤皤之家督恣
情謔虐全欺奕奕之宗盟唯諾趨蹌視爲末節擎拳
曲跽漫曰虛文豈知作亂之原端由犯上還思自牧
之道莫若謙卑滿則必傾豈得聽其躍冶傲不可長
何容縱彼跳梁尊祖故敬宗敬宗故睦族宜從根本
上行來德修而行立行立而名成只在家庭中做起
我欲胥爲佳子弟人故樂有賢父兄

一和鄉黨

昭代叢書 丙集卷十八 宗規 三 世楷堂藏板

客滯他鄉每憶枌榆地勝人羇異國惟思桑梓情深
懷此故都必曰先人之敝廬在是安於末俗亦謂此
中之風土如斯但既共井而同方尤貴行仁而尚義
從來獄訟之滋起多由鄉黨之不和或以口角譏訐
積爲怨府或以兒童嬉戲釀厥禍胎或此姓驕榮彼
姓忌同蔡刺或一家殷富他家疾甚仇讐或田畝連
疇混於前而奪於後或婚姻致寇好以始而隙以終
總之角勝爭長舟中譙非敵國倘其平情合理宇內
盡若[illegible][illegible]念此父母之邦奚容秦越之視務解紛而

钟于序《宗规》

【家训节选二】

分别尊卑，齿分长幼。诸祖诸父，咸居九族之先，以事以随。断自十年而上，礼仪不饬，几同人道于马牛。恭逊无闻，不异能言之鹦鹉。大圣人且言恂①而貌恪②，况属凡恒古天子，亦尚齿③而引年。矧④兹士庶，夫何轻浮？后进儇薄少年，略读几行书，便嗤朴鲁；多收十斛麦，辄鄙贫寒。疾行长者之前，不耐老人缓步；俨列先生之位，且从席上横肱。任意凭陵⑤，敢侮皤皤⑥之家督；恣情谑虐，全欺奕奕之宗盟。唯诺趋跄，视为末节；擎拳曲跽，漫曰虚文。岂知作乱之原，端由犯上。还思自牧之道，莫若谦卑。满则必倾，岂得听其跃冶；傲不可长，何容纵彼跳梁。尊祖故敬宗，敬宗故睦族，宜从根本上行来；德修而行立，行立而名成，只在家庭中做起。我欲胥为佳子弟，人故乐有贤父兄。

——《宗规·敬尊长》

【注释】

①言恂：言语恭顺。

②貌恪：容貌恭敬。

③尚齿：尊崇年长者。

④矧：况且。

⑤凭陵：侵犯、欺侮。

⑥皤皤：头发白的样子。

【评析】

尊敬老人是我国的优良传统之一。每个人都有老的一天，尊敬老人实际上就是尊重我们自己。作者认为，尊重老人应该从家中开始，要将家庭内子女对父母的孝敬，扩而大之，推己及人，尊敬别人家的老人，即所谓的“老吾老以及人之老”，渐渐地在全社会形成敬老的风尚。

【家训节选三】

《诗》首河洲之咏，化始闺门。《易》占中馈[①]之文，义垂壶内。历观彤管[②]，咸诵女宗。载绎缃编，群推妇顺。但问室人之贤否，因知家道之废兴。盖丈夫志在四方，惟在细君良淑。即开门事有七件，孰非健妇撑持。奉舅姑而养志，承欢滫髓之中，助夫子以成名，戒旦鸡鸣之候。内而诸姑伯姊，人人务得其心；外而姻娅宗亲，在在宜将其礼。贫能安分，井臼自必晨操；火可乞邻，机杼何妨夜织。从古贤人，伉俪恒多憔悴。姬姜仲孺，床头卧牛衣而陨涕。伯鸾庑下，举鸿案以增悲。况乎集蓼[③]茹荼，尤且和熊画荻。柔肠百结，方看兰芷之馨。劲质千磨，永矢柏舟之操。是则闺闱之艰苦，倍甚于夫男。所以女士之徽音，独隆于今古。若乃不谙操作，惟知饮啖为工，未解柔嘉[④]，只以勃谿[⑤]是尚，涂脂抹粉，年年寺院狐游；拍案捶胸，日日河东狮吼。似此承祧[⑥]无状，必将嗣育非良。宜援七出之条，以正三从之道。

——《宗规·饬女妇》

【注释】

①中馈：指家中供膳诸事。

②彤管：杆身漆朱的笔，古代女史记事用。

③集蓼：遭遇苦难。

④柔嘉：柔美和善。

⑤勃谿：吵架，争斗。

⑥承祧：承继奉祀祖先的宗庙。

【评析】

这则家训指出了“贤内助”在家庭生活中的重要性。作者认为，自古贤人，多因有贤淑妻子；优秀的主妇在困难的条件下，既能辅佐丈夫成业，又能教育孩子成才。一个家庭只需看主妇是否贤惠，就可以知道其家道的兴衰。这些观点都颇有见地。

【家训节选四】

千年阀阅①之宗，必是家传黄卷②，屡代簪缨③之胄，无非世守青缃④。金张七叶，显贵盈朝。王谢两家，风流满巷。莫不枕藉经史，因而驰誉腾休。顾在胜国之中，吾门亦冠裳济济，何自鼎兴而后，于兹乃衿佩⑤寥寥？推其失学之原，或亦为贫所使。究厥长贫之故，良由不学而然。朱翁子市上行吟，负薪自若；高文通庭前雒颂，漂麦何伤？非无集帷编蒲终成大器，亦有囊萤映雪卒号通儒。终令十载无闻，伏处长鸣之枥；还胜一丁不识，贻羞没字之碑。况乎遇合有时，抑且报施不爽。几见博洽多闻之彦，尽隔青云；未闻兴贤选俊之朝，概遗白屋。但由寒素掇科名，慎勿得科名而忘寒素；因文章悟道德，奚容弃道德而事文章。如为丧元气，缙绅大乖名教，即若管衙门，秀士亦玷宗祊。生平所读何书，请自三思此语。

——《宗规·务读书》

【注释】

①阀阅：指祖先有功业的世家、巨室。

②黄卷：书籍。

③簪缨：古代达官贵人的冠饰。后借指高官显宦。

④青缃：古代常用青色和浅黄色的布帛做书衣、封套，因此用来指书籍、画卷等。

⑤衿佩：指青年学子。

【评析】

在这则题为“务读书”的家训中，作者从世代功勋之家怎样重视读书谈起，联系自己家族过去兴旺、现在贫寒的原因，论述了小辈务必认真读书的道理，并告诫子弟如果由读书中了举人，不能因得了科第而忘了贫寒，也不能放弃道德而专于文章。也就是说，无论是做官还是做文章，都不能丢掉道德这个根本。

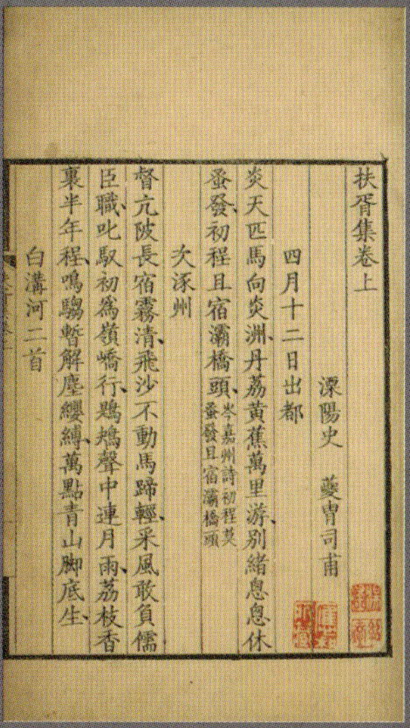
扶胥集卷上
溧陽史　夔胄司甫
四月十二日出都
炎天匹馬向炎洲、丹荔黃蕉萬里游、別緒息息休
蚤發、初程且宿灞橋頭、岑嘉州詩初程莫蚤發且宿灞橋頭
次涿州
督亢陂長宿霧清、飛沙不動馬蹄輕、采風敢負儒
臣職、叱馭初為嶺嶠行、鷓鴣聲中連月雨、荔枝香
裏半年程、鳴騶暫解塵纓縛、萬點青山脚底生、
白溝河二首

史夔《扶胥集》

史　夔

史夔（1661~1713），字胄司，号耕岩，江苏溧阳人。清朝诗人。康熙二十一年(1682)进士，选庶吉士，授编修，历任至经筵讲官，除詹事府詹事。“生平究心濂闽之学，躬行自得，终身不见疾言遽色，为世儒宗。”天性孝顺父母、友爱兄弟，父亡后督促诸弟勤学，皆成进士。工书法，尤长于诗。沈德潜《国朝诗别裁集》称其诗“意足韵流，无一闲句闲字，得唐贤之三昧者也。台阁而不涉应酬，山林而不入寒瘦，足觇诗品”。著有《观涛集》《扶胥集》《扈跸集》《樟台集》《东祀集》等。

康熙三十八年（1699），史夔出任浙江乡试考官。他的儿子史贻直此时才十八岁，在京邸读书。史夔告诉儿子不要急着参加科举考试，但史贻直急着要去，便私下里求助母亲彭太夫人。彭太夫人把父亲的意思告诉他，并且笑道：“我现在没有能力为你筹措考试的用具。”史贻直指着母亲的金簪说：“买考卷和蜡烛足够了。”母亲很赞赏他的志气，也就同意他报考了，没想到他一下子中举了。此时，史夔在浙西督学，听到捷报，深感意外，作了下面这首七律诗寄回家勉励儿子。第二年，史贻直入选翰林院。食俸禄六十四年，做官做到相国。家中有牙牌写道：“六部尚书，八省总督。”

【家训节选】

垂髫[①]何意著先鞭[②]，且喜书香得再延。事业千秋今日始，声名一夕满城传。登科[③]岂足荣乡里，稽古[④]还须及少年。律己贵严心欲厚，古人明训有遗编。

【注释】

①垂髫：古时汉族儿童不束发，头发下垂，故以“垂髫”指儿童。

②著先鞭：比喻先人一步，处于领先地位。

③登科：也称“登第”，指科举考中进士。

④稽古：考查古人之道，作求学解。

【评析】

遥闻儿子登科的消息，心中自然欣喜，但作者并没有沉浸在喜悦之中，而是考虑到此后可能出现的一些问题，给志得意满的儿子予以正确引导。如此家长，确有卓识。在子女得意之时，不是一味赞扬，而是提出更高的要求和目标，鼓励他们再接再厉、继续前进，这无疑是非常明智的。

李果画像

李　果

李果(1679~1751)，字实夫，一字硕夫，号客山，江苏长洲(今江苏苏州)人。清代诗人。他一生没做过官，艰苦力学，孜孜不倦。他的创作态度十分严谨，有一两字未妥，屡改不止。著有《在亭丛稿》十二卷、《咏归亭诗钞》八卷、《石闾集》等。《示两儿》是作者写给两个儿子的两首勉学五言诗，平易近人，亲切自然，其中有作者的自责自悔和经验教训，又有对儿子的鼓励期望，循循善诱，情殷辞切，读来令人感动。

【家训节选一】

初冬可读书，披帷[1]对月影。困穷亦何常？天意默示警。所期在远犬，忘此清夜永。经义纂[2]孟荀，如汲[3]得修绠[4]。摛辞[5]芟[6]缪[7]悠，百家足驰骋[8]。蕴辉珠处渊，含英金在矿。世人竞目睫[9]，欲语还如哽[10]。但求寡悔尤[11]，焉用名炳炳[12]。

——《示两儿》（其一）

【注释】

①披帷：掀开帷幕。

②纂：古同“缵”，继承的意思。

③汲：从井里打水。

④修绠：汲水用的长绳。

⑤摛辞：铺陈文辞。

⑥芟：割草，引申为除去。

⑦缪：错误。

⑧驰骋：这里指田猎。

⑨目睫：比喻肤浅的见解。

⑩哽：因感情激动等原因喉咙阻塞发不出声音。

⑪悔尤：犹怨恨。

⑫炳炳：光彩照耀貌。

【评析】

这首诗劝勉儿子们读书要真正钻进去，深入领会其精神实质，但其目的不是为了求得显赫的名声，而是为了少犯错误，表现出作者贵在求实、不务虚名的读书态度。

【家训节选二】

马援[1]廑[2]闻过[3]，柳玭[4]重行己[5]。吾家旧遗经，先德盛积累。黾勉[6]无异营，颇识剥复[7]理，中岁偶行游，致汝业渐弛。我无一顷田，经籍足耘耔[8]。义理苟能通，出处有根柢[9]。医药与货殖，困穷亦可倚。吾生少失学，垂老方知悔。展转[10]力就衰，炳烛[11]思晓起。努力爱景光[12]，汝曹从此始。

——《示两儿》（其二）

【注释】

①马援：西汉末至东汉初年著名军事家。

②廑：同勤，不懈地努力。

③闻过：即闻过则喜。

④柳玭：唐朝清官。

⑤行己：立身行事。

⑥黾勉：勉力，努力。

⑦剥复：出自《易》，为二卦名，合用是盛衰、消长的意思。

⑧耘耔：泛指从事田间劳动。

⑨根柢：草木的根，比喻事物的根基。

⑩展转：即辗转，翻身貌。多形容卧不安席。

⑪炳烛：原意是在夜里点燃蜡烛，后引喻日夜不辍，好学不倦。

⑫景光：祥光。

江蘇好家訓

【评析】

作者在这首诗中现身说法，举先贤，叙家事，自责自悔，告诫儿子要珍惜光阴，不要重蹈父亲的覆辙，即使过去蹉跎了岁月，但从现在开始依然不晚。既是对儿子的劝勉，也有相互勉励的含义，足见作者用心之良苦、教育之得法。

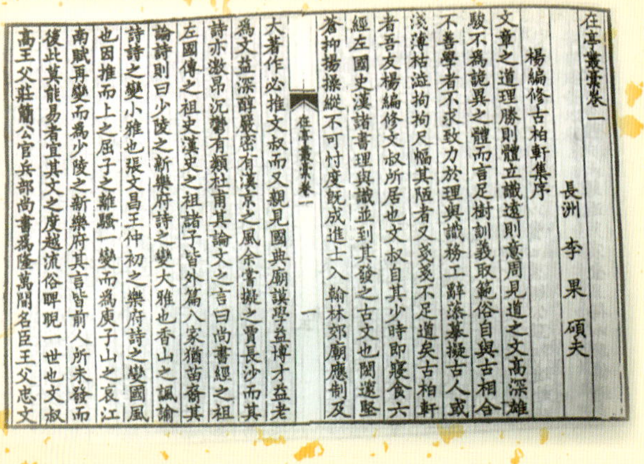

在亭叢稿卷一
楊編修古柏軒集序　長洲　李果　碩夫
文章之道理勝則體立識遠則意周見道之文高深雄
駿不爲詭異之體而言足樹訓義取範俗自與古相合
不善學者不求致力於理與識務工辭藻摹擬古人或
淺薄枯澁拘拘尺幅其陋者又炎炎不足道矣古柏軒
者吾友楊編修文叔所居也文叔自其少時即寢食六
經左國史漢諸書理與識並到其發之古文也閎遠堅
蒼抑揚操縱不可忖度既成進士入翰林郊廟應制及
在亭叢稿卷一　一
大著作必推文叔而又親見國典廟謨學益博才益老
爲文益深醇嚴密有漢京之風余嘗擬之賈長沙而其
詩亦激昂沉鬱有類杜甫其論文之言曰尚書經之祖
左國傳之祖史漢史之祖諸子皆外篇八家猶苗裔其
論詩則曰少陵之新樂府詩之變大雅也香山之諷諭
詩詩之變小雅也張文昌王仲初之樂府詩之變國風
也因推而上之屈子之離騷一變而爲庾子山之哀江
南賦再變而爲少陵之新樂府其言皆前人所未發而
後此莫能易者宜其文之度越流俗睥睨一世也文叔
高王父莊簡公官兵部尚書爲隆萬間名臣王父忠文

李果《在亭丛稿》

郑板桥

郑板桥（1693~1766），原名郑燮，字克柔，号理庵，又号板桥。江苏兴化人。清代著名书画家、文学家。乾隆元年（1736）进士。历任山东范县、潍县知县。在潍县任时，遇大饥荒即开仓赈民。乾隆十八年（1753）又以请赈触怒上司，于是辞官归田。晚年寄寓扬州卖画度日。板桥性格落拓不羁、倔强不驯，“不从俗流、不为俗物”。为“扬州八怪”之一，其诗、书、画并称“三绝”。

除了诗、书、画以外，板桥还写下了大量的家书。现存家书近六十封，大部分是写给堂弟郑墨的。板桥没有同胞兄弟，只有这个比自己小二十五岁的堂弟，他们感情很深。郑墨是憨厚勤谨的读书人，板桥对他寄以兴家、教子的厚望。在外客居或仕宦时，板桥常常写信给堂弟，纵谈人生，讨论学问，商量家事。这些信感情真挚，文笔质朴无华，诚为“世间不可磨灭之文字”，全面而真实地反映出板桥的为人处世之道和独特的人格魅力。这里选介其中的两封。

郑板桥作品

【家训节选一】

读书以过目成诵为能，最是不济事[①]。眼中了了[②]，心下匆匆，方寸[③]无多，往来应接不暇，如看场中美色[④]，一眼即过，与我何与也[⑤]。千古过目成诵，孰有如孔子者乎？读《易》至韦编三绝，不知翻阅过几千百遍来。微言精义[⑥]，愈探愈出，愈研愈入，愈往而不知其所穷。虽生知[⑦]安行[⑧]之圣，不废困勉下学[⑨]之功也。东坡读书不用两遍，然其在翰林读《阿房宫赋》至四鼓，老吏史苦之，坡洒然[⑩]不倦。岂以一过即记，遂了其事乎！惟虞世南、张睢阳、张方平，平生书不再读，迄无佳文。且过辄成诵，又有无所不诵之陋。即如《史记》百三十篇中，以《项羽本纪》为最，而《项羽本纪》中，又以巨鹿之战、鸿门之宴、垓下之会为最。反覆诵观，可欣可泣，在此数段耳。若一部《史记》，篇篇都读，字字都记，岂非没分晓[⑪]的钝汉[⑫]！更有小说家言，各种传奇恶曲，及打油诗词，亦复寓目不忘，如破烂厨柜，臭油坏酱悉贮其中，其龌龊亦耐不得。

——《潍县署中寄舍弟墨第一书》

【注释】

①不济事：不能成事。

②了了：清楚。

③方寸：心神。

④场中美色：戏台上的美女。

⑤与我何与也：对我有什么帮助呢？

⑥微言精义：精微的语言，深刻的道理。

⑦生知：指不待学而知之。
⑧安行：谓发于本愿，从容不迫地实行。
⑨困勉下学：刻苦勤奋。
⑩洒然：潇洒；洒脱。
⑪没分晓：不明事理，糊里糊涂。
⑫钝汉：蠢笨的人。

【评析】

读书能够过目成诵，是许多人可望而不可及的，人们常常以此作为美谈。但板桥独持异议，他认为满足于过目成诵的坏处有二：一是读了不能消化，其中的“微言精义”无法探知，对自己的修身养性没有帮助；二是盲目滥读，精华糟粕不分，会变成“破烂厨柜”。因此他主张精选著作，熟读精思。这其实是他大半生读书经验的总结。他曾在《板桥自叙》中说：“板桥居士读书求精不求多，非不多也，唯精乃能运多，徒多徒烂耳。”可见，板桥读书重一“精”字，它的含义有两层：一是要选择最好的书来读，而不是盲目地、不加选择地读；二是要仔细探究书中的“微言精义”，吸取精华，为我所用。现代社会知识激增，专业门类繁多，人的时间精力有限，更是很难博通。因此，读书就应该有选择、有侧重，对相关领域内的经典著作要熟读精思，而对一般性的文献则可泛读或浏览。板桥的精读法确是一种以少胜多、非常有效的读书方法，如果运用得当，定能事半功倍。

【家训节选二】

余五十二岁始得一子，岂有不爱之理！然爱之必以其道，虽嬉戏顽耍，务令忠厚悱恻[1]，毋为刻急[2]也。平生最不喜笼中养鸟，我图娱悦，彼在囚牢，何情何理，而必屈物之性以适吾性乎！至于发系蜻蜓，线缚螃蟹，为小儿玩具，不过一时片刻便摺拉[3]而死。夫天地生物，化育劬劳[4]，一蚁一虫，皆本阴阳五行之气细缊[5]而出。上帝亦心心爱念。而万物之性人为贵，吾辈竟不能体天之心以为心，万物将何所托命[6]乎？蛇蚖[7]、蜈蚣、豺狼、虎豹，虫之最毒者也，然天既生之，我何得而杀之？若必欲尽杀，天地又何必生？亦唯驱之使远，避之使不相害而已。蜘蛛结网，于人何罪，或谓其夜间咒月，令人墙倾壁倒，遂击杀无遗。此等说话，出于何经何典，而遂以此残物之命，可乎哉？可乎哉？

我不在家，儿子便是你管束。要须长其忠厚之情，驱其残忍之性，不得以为犹子[8]而姑纵惜[9]也。家人[10]儿女，总是天地间一般人，当一般爱惜，不可使吾儿凌虐他。凡鱼飧[11]果饼，宜均分散给，大家欢嬉跳跃。若吾儿坐食好物，令家人子远立而望，不得一沾唇齿，其父母见而怜之，无可如何，呼之使去，岂非割心剜肉乎!夫读书中举中进士作官，此是小事，第一要明理作个好人。可将此书读给郭嫂、饶嫂[12]听，使二妇人知爱子之道在此不在彼也。

——《潍县署中与舍弟墨第二书》

【注释】

①悱恻：形容内心悲苦。这里指富有同情心。

②刻急：刻薄、急躁。

③摺拉：摺，同折。拽拉，引申为折腾。

④劬劳：劳累。

⑤细缊：同“氤氲”。形容烟或云气浓郁。

⑥何所托命：将生命寄托于何处。

⑦虺：一种毒蛇。

⑧犹子：侄子。出自《礼记·檀弓上》中的“兄弟之子，犹子也”，后来因称兄弟之子为犹子。

⑨姑纵惜：姑息、放纵、爱惜。

⑩家人：家中的仆人。

⑪飧：晚饭，亦泛指熟食、饭食。

⑫郭嫂、饶嫂：即郭氏、饶氏，郑板桥的二妾。嫡妻徐氏在板桥三十九岁时病逝。

【评析】

这封家书集中地体现了郑板桥的家庭教育思想和教育方法。一是注重养成教育。“勿以善小而不为，勿以恶小而为之”。人的思想、行为乃至性格都是在日常生活中逐渐形成的，因此教育要从小事抓起，注重养成教育。二是平等意识。板桥认为，穷人与富人“总是天地间一般人”，他要求子女做平等待人、忠厚仁慈的好人。在等级森严的封建社会里，尊卑有序的观念深入人心，板桥的平等思想在当时被视为“异端”“狂怪”是不足为奇的。三是强调读书明理。板桥认为，“读书中举中进士作官，此是小事，第一要明理作个好人”。他所说的“作个好人”，也就是做一个忠厚仁爱、通达明理之人。

石成金

石成金，字天基，号惺斋愚人，江苏扬州人。生卒年不详，大致生活于清代康熙年间。他出身于望族，天资聪颖，既有读书科考的经历，又喜与僧道交游，精通养生保健之道。他一生以著述为业，笔耕不辍，有大量通俗作品留世。正如他自己所言：“予于人情世事，无论大小雅俗，但有利益者，俱以浅言刊书行世……”

他将自己丰富庞杂的得意之作汇集成一部《传家宝》，以通俗的语言教导子弟怎样为人处世、立身持家、求福祈寿；还以很大的篇幅，汇集了古来名人的嘉言懿行，鼓励子弟好学深思、积极上进。他要求子弟“放开胸次，令眼界大、局面大”，立下大的志向。他劝勉子弟趁年轻时要努力奋斗，“一念激烈，则跬步千里；一念沉溟，则瞬息万年”。

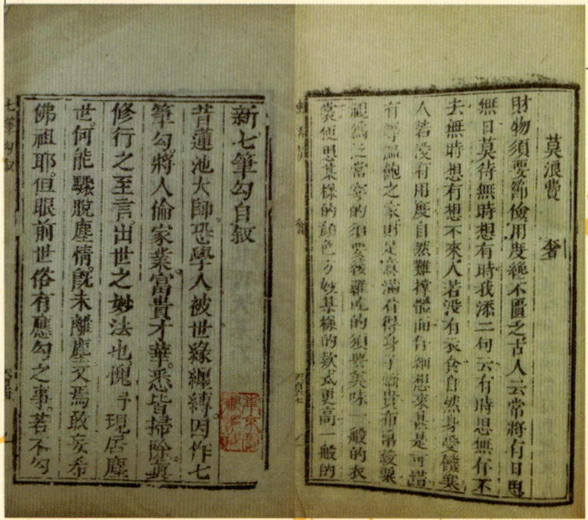
莫浪費 著
財物須要節儉用度絕不匱乏古人云常將有日思
無日莫待無時想有時我添二句云有時思無有不
去無時想有想不來人若沒有衣食自然身受饑寒
人若沒有用度自然難撐體面有細想來甚是可惜
有等富饒之家財足糧滿有得身子富貴布帛菽粟
視為泛常穿的須要綾羅吃的須要美味一般的衣
裳便思某樣的顏色方妙某樣的款式更高一般的

新七筆勾自敘
昔蓮池大師恐學人被世緣纏縛因作七
筆勾將人倫家業富貴才華悉皆掃除盡
修行之至言出世之妙法也愧予現居塵
世何能驟脫塵情既未離塵又焉敢妄希
佛祖耶但眼前世俗有應勾之事若不勾

石成金《传家宝》

【家训节选一】

世上接续宗祀[1]、保守家业、扬名显亲、光前耀后，全靠在子孙身上。子孙贤，则家道昌盛；子孙不贤，则家道消败。这子孙关系甚是重大。无论贫富贵贱，为父祖的，俱该把子孙加意爱惜。但是为父祖的，不知爱惜之道，所以把子孙都耽误坏了。何谓爱惜之道？“教”之一字时刻也是少它不得。试看，古者妇人一有怀孕，就目不视邪色，耳不听淫声，这叫做胎教，所以生子形容端正，聪明过人。子能吃饭，就教他用右手；子能说话，就戒他出娇音[2]。六七岁时，男女就坐不同席、食不共器。一切出入饮食，教他逊让长者。衣服不许绸帛，饮食俱有时度[3]。八岁入小学，教之以洒扫应对进退之节，礼乐射御书数[4]之文。十五岁入大学[5]，教之以明理正心，修己治人之道。至于女子，十岁时就不许出闺门，教以针剪纺绩之法，饮食厨臼[6]之事。一切语言容貌，俱要温恭柔顺。古人教训之法还多，不能尽述。想他当日，岂不知爱惜子孙，为甚么把子孙这样拘管呢？正为不是这样拘管，就成不得人。所以孔子曰：“爱之能勿劳乎？[7]”必定要劳苦子孙，才不耽误子孙，才是真正爱惜子孙。

子孙好与不好，只在个教与不教上起根。盖不教他俭朴，则必奢华；不教他辛勤，则必游惰；不教他忍耐，则必忿争；不教他谦恭，则必倨傲。出此入彼，自然之理。但世上的人，那一个生下来就是贤人？都从教训成的；那一个生下来就是恶人？都从不教训坏的。譬如玉不琢磨，就是废玉，怎得能成珍器；田不耕锄，就是荒田，怎得能成丰熟？

——《传家宝》

【注释】

①接续宗祀：即传宗接代之义。

②娇音：娇气的声音。

③时度：时间和限度，这里指吃饭要按时按量。

④礼乐射御书数：指礼仪、音乐、射箭、驾车、识字、算术这六种科目，统称为“六艺”。

⑤大学：古时十五岁以上男子入的学校，主要学习儒家经典及治国修身之道，一般设在县、州、府所在地。

⑥厨臼：泛指一切烹饪饮食之事。臼，舂米的器具，用石头或木头制成。

⑦爱之能勿劳乎：语出《论语·宪问》，意思是如果你爱自己的孩子，就要使他劳作，使他知道人生的艰难困苦，否则爱就变成了害。

【评析】

俗话说，学坏容易学好难。子孙的教养，都是靠一点一滴教出来的。就像美玉一样，都是靠反复雕琢而成的。如果不教子孙节俭，他必然奢侈；不教他勤劳，他必然懒惰；不教他谦让，他必然好争；不教他恭敬，他必然高傲。因此，子孙在生活中的方方面面都需要长辈精心地教导和培育。

【家训节选二】

有一等老年得子的，又有一等生子艰少的，俱爱之如掌上明珠，恨不得时时捧在手里，日日含在口里。只知道娇养放纵，全不知道教训责成是为子孙的好事，以至为子的自幼至长，未曾听一句好话，未曾见一桩好事，未曾近一个好人。到得大来，奢侈放肆，无所不为，轻则败坏家门，重则招灾惹祸，连父母也做不得主了，追悔何及?

世间有一种逞强的人，偏不喜子孙守分；有一种护短的人，最怪说①子孙不是；有一种糊涂的人，凭子孙交游匪类、嫖赌横行，他总不知闻。及至子孙不肖，但诿成败由命，岂非大愚?要知养子不教父之过，为父者，教子之事切莫轻忽。

世间有一等知教训而不知道理的人，指望子孙长进，其实与耽误者一般。就如教训子孙读书，原是第一等好事，争奈不知教以孝悌忠信、礼义廉耻的道理，所教导的，不过是希图前程，指望富贵，改换门间，衣锦还乡，把子孙养成个谋富贵、图货利的心，所以后来没甚好处。试看，从来子孙做了官的不做好事，不爱百姓，往往玷辱家声，折损阴骘②。甚而贪赃坏法，以至家破身亡，遗累父祖。这不全是子孙不肖之罪，却是当初教得差了。

——《传家宝》

【注释】

①最怪说：很少说。怪，不常见的。

②阴骘：犹阴德。

【评析】

作者指出了教育子女容易犯的几种错误：一是溺爱，孩子要什么就给什么，最终的结果必然是使孩子成为一个不珍惜物品、讲究物质享受、不体贴他人甚至不遵纪守法的人；二是护短，不容许别人对子女的缺点和不足进行指责、批评，任由子女结交坏人，吃喝嫖赌；三是功利心，指望子女读书成才，却不注意培养子女的品德，而是培养了子女对名和利的追求，最后往往使子女步入人生的误区。

扬州古运河（曹庆春提供）

史 典

史典，江苏扬州人。清代医家。生平不详。他编撰的家训类著作《愿体集》由大量先哲名言汇集而成，言语质朴，说理透辟，通俗易懂，令人读后有感于心，获益良多。这里选介其中的一部分。

【家训节选一】

至乐无如读书；至要无如教子。富之教子，须是重道；贫之教子，须是守节。做人无成心，便带福气，做事有结果，亦是寿征[1]。

——《愿体集》

【注释】

①寿征：长寿的征兆。

【评析】

《愿体集》主要以格言和警句的形式讲述居家和处世的道理，很多观点对现代人来说仍然是大有教益的。比如作者认为“至乐无如读书，至要无如教子”，不仅把读书视为最大的快乐，而且把教育子女当作最要紧的事。其实两者可以合二为一，因为一般来说，如果父母爱读书，以读书为乐，孩子自然也爱读书，自然可以从阅读中明白道理、启迪智慧、增长才干。

江苏好家训

【家训节选二】

父慈子孝，兄友弟恭，纵到极尽处，俱是合当如是，著不得一毫感激居功念头。如施者视为德，受者视为恩，便是路人，便成市道[①]矣。

事亲者，虽菽水[②]当尽承欢。若到子欲养而亲不在，即椎牛以祭，不如鸡豚之逮亲存也。

继嗣一节，多有不肯早立，以致身后争继，祸起萧墙。且争继者何心？原图继产，非为继嗣也。及至纷争，家产荡废，应继者反不愿继。何如身在之日，于应继之中择其善者而早继之，加意抚养，令其感恩深重，不独无身后争端，且顶戴过于亲生矣。

——《愿体集》

【注释】

①市道：指市井及道路之人，即普通人。

②菽水：豆与水。指所食唯有豆和水，形容生活清苦。

【评析】

古人非常重视天伦之乐，非常享受骨肉亲情。因为在作者看来，父母对子女的关爱，子女对父母的孝顺，兄姐对弟妹的爱护，弟妹对兄姐的尊敬，都是出于人类与生俱来的天性，是骨肉至亲之间自然生出的真情之爱，是感情生活中的一块净土，是金钱和权力不能交换的。

【家训节选三】

少年子弟，不可令其浮闲无业。必察其资性才力，无论士农工贾，授一业与之习。非必要得利也，拘束身心，演习世务，谙练人情，长进学识，这便是大利益。若任其闲游，饱食终日，必流入花酒呼卢[1]斗狠之中，诸般歹事，俱做出来。凡纵容子弟浮闲惯了，是送上了贫穷道路，虽遗金十万有何益哉。

分析[2]之事不宜太早，亦不宜太迟。太早，恐少年不知物力艰难，浮荡轻废，以致速败。若太迟，则变幻多端。如子孙繁衍，眷属重多，家务统于祖父一人掌管，一切食用衣服，个个取盈，人人要足，全无体贴之心。或有取而私蓄不用，谁肯足用即不取。稍有低昂，即比例陈情，甚有明知家道渐衰，而取用如常。目击婢仆暗窃，视为公中之物，不以为意，漠然不顾。且衣服什物，取索不已，稍不遂意，即怀不满之心。莫若酌量各房人口多寡，每年给以衣食之费，令其自置自炊。俗云："亲生子，著己财，使知物力钱财之难。"不独惜财，亦且惜福。

——《愿体集》

【注释】

①呼卢：指赌博。

②分析：这里指分家。

【评析】

富贵人家的子弟，虽然衣食无忧，但不可以让他们没有工作，整日无所事事。因为时间长了，他们心中空虚，必然会受社会不良风气的影响，自甘堕落，酗酒赌博，坏事无所不为，久而久之，就会成为十足的败家子。对此，作者认为，应根据子弟的才性引导他们成长，擅长读书的就让他们去读书求上进，不善于读书的就让他们去学一点手艺，或者去务农经商等，让他们掌握一技之长，拥有自己的一番事业，以此来增进对社会的了解，懂得人情世故。这些话虽然朴素，但很深刻。

【家训节选四】

朋友即甚相得，未有事事如意者。一言一事之不合，且自含忍，不得遂轻出恶言，亦不必逢人诉说。恐怒过心回，无颜再见。且恐他友闻之，各自寒心。

小人固当远，然亦不可显为仇敌；君子固当亲，然亦不可曲为附和。

交之初也，多见其善。及其久也，多见其过，未必其后之逊于前也，厌心生焉耳。人之生也，但念其过，及其死也，但念其善，未必其后之逾于前也，哀思动之耳。人能以待死者之心待生人，则其取材也必宽；人能以待初交之心待故旧，则其责备也必恕。宜思之。

古人云："有一人知，可以不恨。"以明知己之难也。逢人班荆[1]，到处投辖[2]，然则知己若是其多乎？不过声气浮慕，以为豪举耳。一事不如意，怨谤丛起，不如慎交择友，自然得力。

友先贫贱而后富贵，我当察其情，恐我欲亲而友欲疏也；友先富贵而后贫贱，我当加其敬，恐友防我疏而我遂处其疏也。

——《愿体集》

【注释】

①班荆：指朋友相遇，共坐谈心，出自《左传·襄公二十六年》。

②投辖：喻殷勤留客，典出《汉书·游侠列传·陈遵》。

【评析】

这几则家训主要谈交友之道。比如，作者认为，朋友即使再好，也不可能事事都合心意。偶有一事不合心意，不能恶语伤人。不能因为一时的意气，伤害朋友之间的感情，造成无法弥补的伤痕。又如，对待老朋友不能求全责备，而应抱着初交之心、宽厚之心待他，多想想朋友的好处，友谊才能长久。这些观点针对性强，便于践行。

秦　瀛

秦瀛画像

秦瀛(1743~1821)，字凌沧，一字小岘，江苏无锡人。清朝大臣，有惠政。《清史稿》本传称道“秦瀛之治绩”，说他“非仅以文藻胜”。其文为姚鼐所推重。著有《小岘山人诗文集》。

秦瀛不论在仕途上还是在文学上都颇有成就，这主要得益于自孩提时代起，他的父亲就对他严加管教。他自称：“瀛无他师，受经于先大夫，督课甚严。十三岁时，先大夫入京师，逾年归，课瀛如前。尝手《十三经注疏序》及马端临《文献通考序》授瀛读。一夕，灯下读《汉书地理志》，夜半稍倦，先大夫怒而责之，先淑人辄陪先大夫坐而课读，俟瀛睡始就枕。”这里选录秦瀛的两首诫子诗。

【家训节选一】

勖[①]细文[②]

汝龄年十五，未解习文史。须知志学年，年已非稚齿[③]。奈何更不学，悠悠负长晷[④]。……人生天地间，无如读书美。慎勿生厌苦，咀之味愈旨。吾家数百年，弓冶[⑤]只此是。我贫无所贻[⑥]，贻汝一经耳。过时而不学，后悔不可止。斯事不若人，当引为己耻。力学如力农，耕耨[⑦]自兹始。

——《小岘山人诗文集》

【注释】

①勖：勉励。

②细文：秦瀛的次子。

③稚齿：年少、少年、儿童。

④晷：日影、时间。

⑤弓冶：指父子世代相传的事业。

⑥贻：遗留。

⑦耕耨：耕，用犁把田里的土翻松。耨，锄草。

【评析】

秦瀛是官员，也是学者和诗人，他尽管政务繁忙，无暇更多地吟诗作文，但他却是能在读书创作中享受到无限快乐的人，所以他告诉儿子：“人生天地间，无如读书美。慎勿生厌苦，咀之味愈旨。”目的是劝勉儿子不要以读书作文为苦，而是要善于享受读书创作带来的欢乐。

【家训节选二】

勖缃武[1]

操觚[2]学文学，渐熟渐老成。术业苟弗专，厥[3]艺胡由精？治文如攻玉，磨琢神乃莹[4]。治文如冶金，淘汰生光晶。群言入炉锤，六籍[5]储菁英。斯诣[6]贵深造，匪曰旦夕程。……勉旃[7]须力学，日迈月斯征[8]。技果进乎道，岂独取世荣。

——《小岘山人诗文集》

【注释】

①缃武：秦瀛的长子。

②操觚：用木简书写。觚，古代写字用的多棱形木简。

③厥：那个。

④莹：光亮透明。

⑤六籍：六经，即《诗》《书》《礼》《乐》《易》《春秋》。

⑥诣：（学业、技术等）所达到的程度。

⑦旃：“之焉”的合音。

⑧日迈月斯征：日月不停地运转，比喻时间不断推移。

【评析】

这首诗提出了做学问要专精的问题，作者以攻玉、冶金设喻，形象地说明只有在反复琢磨、熟读深思之后，文章才可能如金、玉般光亮透明，知识、才艺才可能进入“游刃有余”的境界。为此，作者勉励儿子，时间在不断推移，要不断努力，才能有所进步。全诗情真意切，催人奋进。

洪亮吉

洪亮吉（1746~1809），字君直，一字稚存，号北江，阳湖（今江苏常州）人。清代经学家、文学家。乾隆年间进士，授翰林院编修，后督贵州学政，参与编修《高宗实录》。嘉庆时因上疏批评时政，谪戍伊犁，被释放后回籍，从此家居撰述至终。精于史地、声韵、训诂之学，善写诗及骈体文。有《北江诗话》《晓读书斋杂录》。

洪亮吉有饴孙、符孙等四个儿子，在他年届花甲之际，饴孙已有三十多岁，符孙亦过弱冠之年，眼见自己暮年将至，故在不忘著述的同时，特意写了一篇《戒子书》，希望儿辈们不辜负自己的厚望，不坠失先人遗留下来的事业。

洪亮吉像

【家训节选】

余以年迫迟暮[1]，不复能佣力于外[2]，又念汝曹渐以成长；回忆毕生之事，冀弛日暮之肩。郭外有薄田二顷，城东老屋三十间，使四子一嗣孙[3]分守之。以为寡也？则廉吏之子，尚有负薪；以为多也？则翁归之家，或余赐镒[4]。汝曹能勤苦自持，当衣食粗足耳。

又余本中材，不敢以大贤上哲祈汝。惟早承先训，门有素风。易衣而出，并日而食[5]，叠遭家难，粗识世情。“忍饿读书”，先大夫[6]之遗语也；“禄不歆非义，福不歆非分，处则孝于家，出则忠于国”，太宜人[7]晨夕之面命也。慎之哉！惟俭可以立身，惟恕可以持己。俭则无求于人，恕则无忤于物，况以卑门而处侈俗，凉德而承世业乎？无昵宴朋，无染薄俗，无是古而非今，无陟前而忘后，无爱尺璧而不爱修名，莫畏雷霆而不畏清议，穷达本之于命，丰啬任其所遭，如是而已。

饴孙年过三十，处世尚不克[8]平心，是汝之短也。惟编校故书，尚知条理，他日或当传吾记诵之学耳。余幼嗜六书[9]，长而不倦。今符孙弱冠已过，涉笔便讹[10]，又更历十师，难成一技；学之不修，亦已焉哉！其余幼子弱孙，则尚争梨栗，无辨粟麦。顾念艺菊之子，纵非同生，树兰之门，亦均共气。他日兄率其弟，父课其子[11]，庶几寒宗，无坠先绪[12]。

夫功名之士，以身徇[13]时；勤学之士，以身徇古。各有所好，强之不能，在立志何如耳。形质不能与天地争久，姓名则克与嵩华[14]竞高。植足[15]急流，学金石之止；鉴影巨壑，师江海之宽。勤则王霸之子，蓬头而不惭；惰则任昉之裔，衣葛而莫恤。汝曹慎之哉！夫陶令达者也，不忘于戒子；

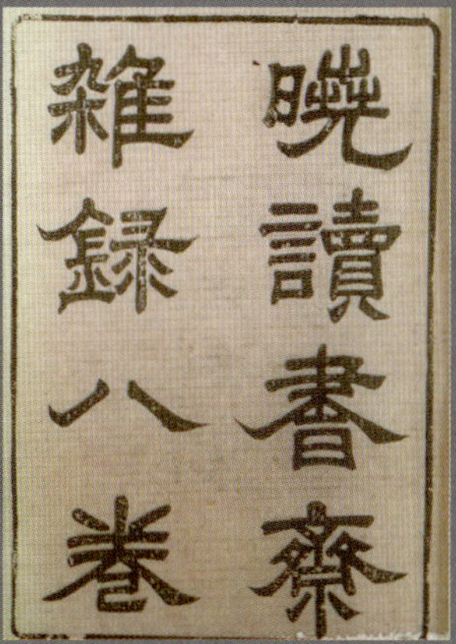

洪亮吉《晓读书斋杂录》

魏收凉德也，亦眷眷于遗言。吾上不敢望渊明，下不致同伯起，是在汝曹成吾之志耳。

又况承恩返里，已属更生。忧患备尝，庶谋行乐。每当朝晖入座，夕月洒窗，春树欲花，秋林未萚[16]，何尝不携阮孚之屐，泛渔父之舟？东眺郭门，西寻村墅，南湖乐其浩渺，北阜陟其高寒。挈伴以出，行歌以归。但使入曾元之室，酒肉尚陈；过言子之庐，诵声不辍，斯愿足矣！乐何如之？今虽闻鸡而起，尚拟著书；秉烛以游，仍书细字。然春草已绿，鬓丝不玄[17]。素心之友[18]，荫鬼磷[19]而见招；同气之亲，出柏根而相望。鬼者归也，归其真宅，庶有时矣。

自念生虽无似[20]，然不见屏于里闾，不见讥于长者。踪迹遍于九州，姓氏镌于五岳。官不达而齿胄[21]以之为师，禄不加而问字丰其所贽[22]。诗文至五千首，撰述至三十种。门生义故，百人著录，弟子三百。穷老尽气，韬精敛魂，终此天年，从亲地下。以此贻汝，不亦多乎？……

——《戒子书》

【注释】

①迟暮：比喻晚年。

②佣力于外：到外面出卖劳动力谋生。

③嗣孙：谓承嗣的子孙。

④镒：古代重量单位，一镒合二十两（一说二十四两）。

⑤并日而食：意为不能天天得食，两三天才能得一天的粮食。形容生活穷困。

⑥先大夫：指死去的父亲。

⑦太宜人：指作者的母亲，这是恭敬的称呼。

⑧克：能够。

⑨六书：首先于《周礼》，清代以后一般指象形、指事、会意、形声、转注、假借。汉代学者把汉字的构成和使用方式归纳成六种类型，总称六书。

⑩讹：错误。

⑪父课其子：父亲督促考查儿子的学习。

⑫先绪：祖先的功业。

⑬徇：为维护某种事物或追求某种理想而牺牲生命。

⑭嵩华：指中岳嵩山和西岳华山。

⑮植足：驻足。

⑯秋林未萚：秋林的树叶尚未掉落。

⑰鬓丝不玄：两鬓的发丝已不黑了。玄，黑。

⑱素心之友：情谊纯洁的旧友。

⑲鬼磷：俗称鬼火，夜间在野地里有时看到的白色带蓝绿色火焰。

⑳无似：谦辞，指不肖。

㉑齿胄：指太子入学依年龄为序。

㉒贽：本义古时初次求见人时所送的礼物。

【评析】

《戒子书》是洪亮吉的晚年之作，与他的诗文风格一样，哲理叠见，声情并茂。他先从自己的人生经历娓娓道来，谈父母对自己的训诫，谈自己的艰辛历程，谈自己的勤苦治学，谈自己对儿孙的期望。“穷达本之于命，丰啬任其所遭”，作者豁达的人生态度中蕴含着丰富的人生哲理。而“植足急流，学金石之止；鉴影巨壑，师江海之宽”诸句，又流露出作者品格之高尚、心胸之宽广。最后作者感念来日无多，以凄婉而优美的笔调抒写了晚年的心志，希望儿辈能够诗书传家，读来令人感动和感伤。

钱 泳

钱泳(1759~1844)，原名钱鹤，字立群，号台仙，一号梅溪，清代江苏金匮(今属江苏无锡)人。他出身于江南名门望族，精通经史，博览群书，年方弱冠即离家远行，长期做幕客，足迹遍及大江南北。晚年退隐归里，潜居履园，专心著述。他善诗文，工书法，尤长于隶书。一生著述颇丰，有《履园丛话》《兰林集》《梅溪诗钞》《说文识小录》《守望新书》《述德编》《登楼杂记》《铁卷考》等行世。

《履园丛话》这本古代笔记内容丰富、资料翔实，体现了笔记广和杂的特点。全书共分二十四卷，基本上一门为一卷，分别为旧闻、阅古、考索、水学、景贤、耆旧、臆论、谭诗、碑帖、收藏、书画、艺能、科第、祥异、鬼神、精怪、报应、古迹、陵墓、园林、笑柄、梦幻以及杂记等，堪称包罗万象，蔚为大观。这里选介有关持家教子的四则。

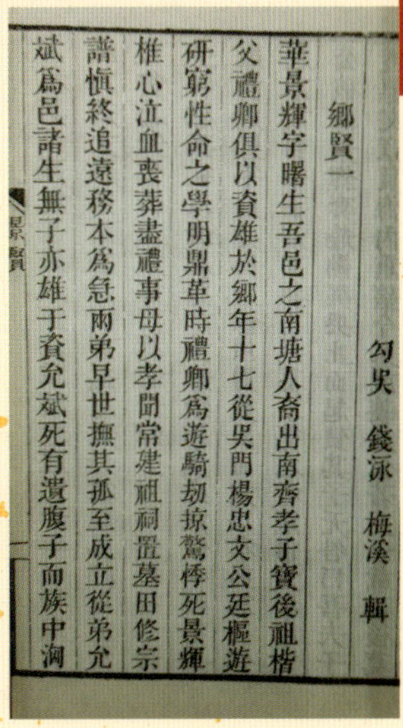
勾吳 錢泳 梅溪 輯

鄉賢一

華景輝字曙生吾邑之南塘人裔出南齊孝子寶後祖楷
父禮卿俱以貲雄於鄉年十七從吳門楊忠文公廷樞遊
研窮性命之學明鼎革時禮卿爲遊騎刼掠驚悸死景輝
椎心泣血喪葬盡禮事母以孝聞常建祖祠置墓田修宗
譜慎終追遠務本爲急兩弟早世撫其孤至成立從弟允
斌爲邑諸生無子亦雄于貲允斌死有遺腹子而族中洶

景賢

钱泳《履园丛话》

【家训节选一】

《易》曰：“家人嗃嗃[①]，悔厉吉。妇子嘻嘻[②]，终吝。”然吾见家人嗃嗃而操切[③]太过者，不但不吉，凶悔随之。吾见妇子嘻嘻而和易近人者，岂特不吝，家道兴焉。总之，治家以和平[④]两字为主，即治国亦何独不然。

——《履园丛话》

【注释】

①嗃嗃：出自《易·家人》，严酷貌。

②嘻嘻：欢笑貌。

③操切：做事过于急躁。

④和平：和洽安宁。

【评析】

俗话说，家和万事兴，家庭和睦亲善是兴旺的基础。古人又说，“四海之内皆兄弟也”，这是把国视为放大了的家。因此，在作者看来，无论是治家还是治国，都要以和洽安宁为主。这种观点不乏启示意义。

【家训节选二】

子弟如花果，原要培植。如所种者牡丹，自然开花；所种者桃李，自然结实。若种丛竹蔓藤，安能强其开花结实乎?

——《履园丛话》

【评析】

这则家训主要说明两层意思：一是认为人的才能和智力正像花木的生长一样，不能靠它自生自灭，而必须经过有意识的精心培养；二是在培养子弟的过程中应当考虑其天赋才情，因材施教，量才而用，否则有可能事与愿违。

【家训节选三】

后生家每临事，辄[1]曰“吾不会做”，此大谬也。凡事做则会，不做则安能会耶？又做一事，辄曰“且待明日”，此亦大谬也。凡事要做则做，若一味因循，大误终身。

家鹤滩先生[2]有《明日歌》最妙，附记于此：“明日复明日，明日何其多。我生待明日，万事成蹉跎[3]。世人苦被明日累，春去秋来老将至。朝看水东流，暮看日西坠。百年[4]明日能几何[5]，请君听我《明日歌》。”

——《履园丛话》

【注释】

①辄：总是，就。

②家鹤滩先生：指钱泳的本家钱福，号鹤滩。

③蹉跎：光阴白白地过去。

④百年：指人的一生。

⑤几何：多少。

【评析】

在这则家训中，作者批评了后辈们做事推托和拖拉的毛病。他严肃地指出“凡事做则会”，不做就永远不会。他还进一步指出，要做就要珍惜时间，马上去做，不得拖延，不能得过且过，并用《明日歌》对子女进行教育。这些道理虽浅显却极深刻。

【家训节选四】

欲子弟为好人，必令勤读书，识义理，方为家门之幸，否则本根拔矣。今人既不能读书，岂能通义理，而欲为好人，得乎①？天下岂有不读书、不通义理之好人乎?

语云："忤逆弗天②，打一代，还一代。"其言虽俗，甚是有理。余则曰："欲知祖宗功德，今日所受③者是也；欲知子孙贤愚，今日所行者是也。"

勿以小善为无益，小善积得多，便成大善；勿以小恶为无伤，小恶积得多，便是大恶。

君子小人之分，在乎公私之间而已。存心于公，公则正，正则便是君子；存心于私，私则邪，邪则便为小人。

妇言是听，兄弟必成寇仇；唯利是图，父子将同陌路。而不知兄弟者，手足也，不可偏废；父子者，根本也，岂可离心。

凶人为不善，善人自必笑其非；而善人为善，凶人亦必笑其非也。故贤者视己，似己非而人是④；愚者视己，必己是而人非。

——《履园丛话》

【注释】

①得乎：表示疑问，犹言"可能吗"。

②忤逆弗天：不孝顺父母有违天伦。弗，违拗、拂逆。

③受：享受，享有。

④似己非而人是：好像常常觉得是自己有错而他人正确。似，似乎、好像。

【评析】

这几段家训充分体现了钱泳的治家教子思想，字数虽少，却包含了读书、孝顺、积善、和睦、律己等多方面的内容。从读书来说，作者认为读书是为了明白道理，子弟们只有明理才能做个好人。家里如果没有读书郎，就像大树没有了根。要想家业不衰，书香不可绝。再从孝顺来说，作者认为今日享受的都是祖宗的功德，而家道未来的兴衰取决于父母的言行，因为子弟的贤与不肖，都是父母行为的投影。此外，作者还希望子弟们能够行善积德、公正无私、重视亲情、严以律己，做一个贤人。

焦　循

焦循(1763~1820)，字理堂，一字里堂，甘泉(今江苏扬州)人，清代著名哲学家、数学家、戏曲理论家。嘉庆六年(1801)举人，但第二年应礼部试不第。后因母亲生病，即返乡侍亲，遂绝意仕进，终生以著述、授徒为业。他构筑一小楼，名为“雕菰楼”，日夜读书著述其中，自得其乐。他博闻强记，于经史、历算、声韵、训诂之学都有研究。著有《雕菰楼易学》《里堂学算记》《易章句》《易通释》《孟子正义》《剧说》等。此外，他还著有《里堂家训》，是为教导儿子焦廷琥而撰写的一部家训。上卷阐述立身治家之法，下卷专论治学门径。这里选介其中的几则。

焦循画像

江苏好家训

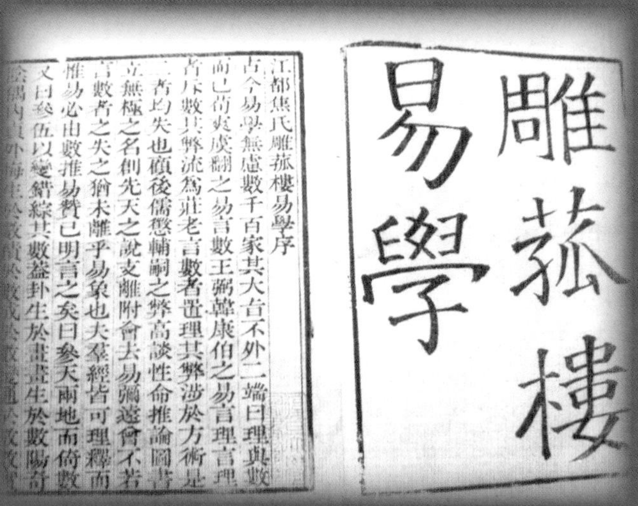

焦循《雕菰楼易学》

【家训节选一】

儒者以治生为要，一切不善，多由于贫。至于贫而能坚守不失，非有大学问不能。莫如未穷时先防其穷。防之道如何？曰勤，曰俭，曰量入以为出。《王制》云：“以三十年之通制国用，量入以为出。”《唐诗·蟋蟀》首章云：“职思其居”，次章云：“职思其外”，末章云：“职思其忧”。居谓日用饮食之常；外则冠昏宾祭[1]；忧则疾病凶荒。如是筹之，则知所出，又量岁之所入以准之。以此处家，自无匮乏矣。所入不足以食肉，宁食蔬；所入不足以食饭，宁食粥。乾隆丙午七月，值旱荒之后，瓮中米已尽，唯有麦数斗及碎米㼽[2]而已，算之不能延两月，乃卖麦买山芋煮食，遂得宽裕。不然，则半月而麦尽，其月余者将饿矣。不甘其饿，则有不能自守者矣。故欲自守者，必先筹其不至于饿也。

《南窗纪谈》记吕文穆父子兄弟相继居显位，而家无余财。家人尝诉日用乏绝，其弟正惠公曰：“过得三日，则更营三日生计，如是足矣。”此在显贵，足见高节。若儒生而作如是谈，则谬矣。藉训蒙之所入，以给一家口食，必通计一岁所入，以为日用之所出。若止顾三日而浪用去之，于是所入不足以供一岁之食，势必借贷或干与外事。余见史书中，每称不计家人生产，此最足误人。圣人治天下，首在于养。《孟子》曰：“无恒产而有恒心者，惟士为能。”士无恒产，假舌耕以为俯仰[3]之资，不能爱惜此资，何恒心之足云？

——《里堂家训》

【注释】

①冠昏宾祭：指弱冠、结婚、来客、祭祀等礼仪活动。

②糦：碾麦，舂麦，磨麦。

③俯仰：指养家活口。语出《孟子·梁惠王上》："是故明君制民之产，必使仰足以事父母，俯足以畜妻子。"

【评析】

焦循作为清代通儒，将其学问见识应用于家训之中，所论皆亲切易懂、平实可行。比如在立身持家上，他认为"一切不善，多由于贫"，因此读书人首要的任务是"治生"，要保证有一定的产业，不至于挨饿，才能安心读书。为此，他要求子弟无论资质如何一定要有一个谋生的职业，士、农、工、商都可以。

【家训节选二】

家之不幸，莫如不肯教子弟。教子弟读书，不可不专，不可不严。人于他事，或有不能，至读书未有不能者。不必问资质之清浊，只以读书一途导之、驱之，未有不能者也。其读之不成者，皆教之不专不严之咎也。幼时先使之识字，即愚，日识四字不难也。自六岁至十二岁，可识万字矣。至此，便为之解说字义，分析平仄，徐徐使习时文，使习诗，使习书法。此三者少有可观，庶可入学。入学庶可以训蒙[1]谋食，此根本也。根本立，则必使之知经学、史学，及典章制度、六书九数[2]、天文地理，以渐而博洽贯通。若资质过人，则习时文时，便可博览，然究以时文为主。

所谓根本者，习时文、习诗、习字，少有可观也，不必定在入学后。总之，习一事必期于实有所得，最忌虚名假托。风云月露之诗，无题目之束缚，无规矩绳尺，易于作伪。故子弟学诗，必以试帖[3]，或使之咏物，只以工稳和协切题期之。

生一子必曰资质蠢，不能读书，一可恨也。既入学，便以为已成，不复穷究经史，二可恨也。生质稍可，读书便以虚名夸饰于人，不使实有进益，三可恨也。府县试稍能前列，岁科间列高等，便自诩名士，四可恨也。寅缘[4]奔走，以求仕路，不顾生计，不实力读书，五可恨也。

——《里堂家训》

【注释】

①训蒙：教幼童。

②九数：指“数”学这门功课的九个细目，包括方田、粟米、差分、少广、商功、均输、方程、赢不足、旁要。

③试帖：即试帖诗，是封建时代的一种诗体，常用于科举考试。

④寅缘：指某种可以凭借攀附的关系。

【评析】

重视家庭教育是中华民族自古以来的传统，读书作为学习的主要方式，在家庭教育中备受重视。作者认为，不管子弟天资如何，没有不能读书的，关键就在于教的是否严格和得法。他把不教育子弟读书视为家门的不幸，谴责了读书过程中出现的五大误区：借口子女愚拙，不让读书；浅尝辄止，半途而废；稍有长益，到处炫耀；偶有成绩，忘乎所以；巴结权贵，不再努力。他认为这五件事是读书中的恨事。这对现代人的读书具有一定的警示意义。

阮　元

阮元(1764~1849)，字伯元，号云台、雷塘庵主，江苏仪征人。乾隆五十四年进士，先后任礼部、兵部、户部、工部侍郎，浙江、河南、江西巡抚及漕运总督、湖广总督、两广总督、云贵总督。历乾隆、嘉庆、道光三朝体仁阁大学士。他提倡朴学，罗致学者从事编书刊印工作，校勘《十三经注疏》，汇刻《皇清经解》等。著作有《揅经室集》等。

阮元任两广总督时添了孙子，十分开心也觉得荣光，故为孙子取名为“恩光”。此时的阮元执掌六颗大印，所以又为孙子取小名为“六印”。孙子过周岁生日时，同僚和下属们纷纷前来送礼祝贺，他都谢绝，退还贺礼，并写下了这首教婴诗。

阮元画像

【家训节选】

翡翠珊瑚列满盘，不教尔手一相拈[1]。男儿立志初生日，乳饱饴[2]甘便要廉。

——《教婴诗》

【注释】

①拈：用手指搓捏或拿东西。

②饴：用麦芽制成的糖浆，糖稀。

【评析】

古人有“抓周测志”的习俗，在儿女周岁时，陈列各种物品，听任孩子抓拿，以此预测其将来的志向及爱好。阮元为了从小培养孙子廉洁高远的志向，甚至在抓周的时候都不让他去碰宝物，生怕他染上庸鄙好财的俗气。这其实也是对所有子孙的告诫，希望他们做一个廉洁自好之人。

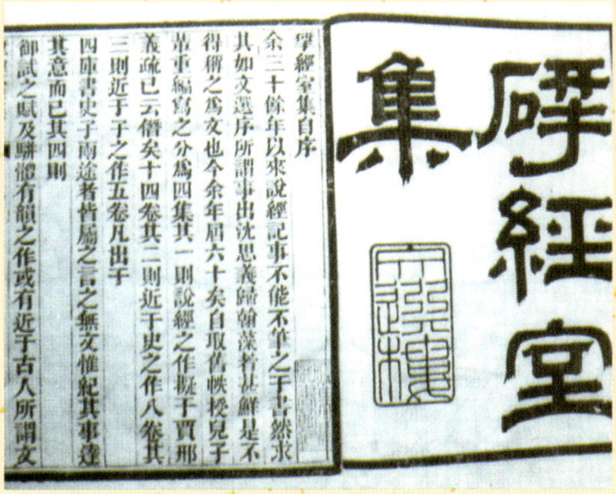
揅經室集

揅經室集自序

余三十餘年以來說經記事不能不筆之於書然求其如文選序所謂事出沈思義歸翰藻者甚鮮是不得稱之為文也今余年屆六十矣自取舊帙授兒子常生重編寫之分為四集其一則說經之作擬于賈邢義疏已云僭矣十四卷其二則近于史之作八卷其三則近于子之作五卷凡出于四庫書史子兩途者皆屬之言之無文惟紀其事達其意而已其四則御試之賦及駢體有韻之作或有近于古人所謂文

阮元《揅经室集》

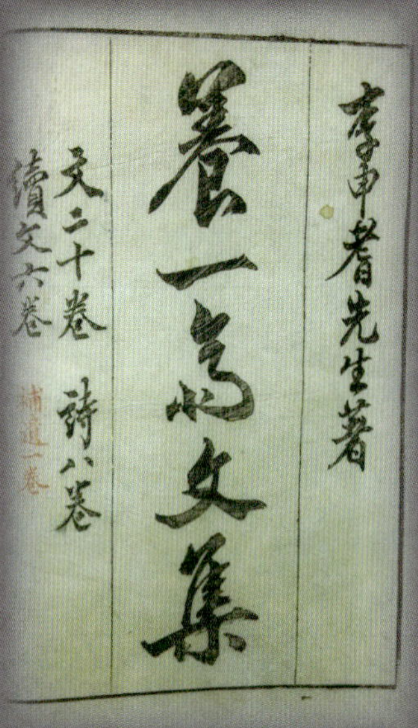

李兆洛《养一斋文集》

李兆洛

李兆洛（1769~1841），字申耆，晚号养一老人，阳湖（今属江苏常州）人。清代学者、文学家。嘉庆十年（1805）进士，曾任凤台知县。后主讲于江阴暨阳书院达二十年之久，以实学教人，培养了一大批人才，有“循吏良师”之誉。他精通音韵、训诂、史地、历算之学，历时数年编成的《历代地理志韵编今释》是我国第一部历史地名辞典。他工诗与古文，平生所作诗文甚多。其文界于骈散之间，为阳湖文家巨擘。他选录的《骈体文钞》是公认的最好的骈文选本。有《养一斋文集》传世。

【家训节选】

自吾曾祖始居于此，吾祖恢[1]而大之，吾父整而饬[2]之，吾兄全而保之，以绵延百年，贻[3]我后之人。汝父何尝有一丝一粟裨益于其间以庇汝哉？而汝居然有庐可居，有田可耕，有书可读。汝等之幸，不可不自知之也。

吾与汝伯父少小相爱相依如性命，及各长大，时时东西南北，不能常聚。然心志未尝不同。汝祖察其如此，故听其自首同居，不复异财[4]耳。然十余年来，汝伯父之支撑门户，整理家计者，心力交殚[5]矣，年已就衰，岂能长为汝辈做牛马哉？故将祖产所贻，均匀剖析，可分者分之，不可分者仍公之。庶几[6]各有职业，各知艰难。此不得已之苦心，可以告无罪于先人者也。

吾生平粗伉[7]，唯略识文字，于人情曲折，每不甚谙[8]，齑盐琐悉[9]，尤所不耐。著衣吃饭皆赖父兄庇荫耳。年才过五十，已觉衰病侵寻，又婚嫁已了，颇复思逍遥人间，不与世事，欲自勉强持家作计，诚不能也。故以吾兄分授与我者，复析为二，以授汝等，自今以往，吾但仰食汝等，不复有所关预也。

汝等资皆中下，吾不望以功名显荣，能纯纯[10]谨谨为乡里自好之人，便是克[11]守家法，吾愿足矣。苟能自守，已足终身饱暖；不能自守，虽铜山金穴，岂有济哉！保家之道，制节谨度[12]而已；保身之道，谨言信行而已。非分之想莫萌，无益之事莫做，此吾所常以语汝者也。勉之。

——《诫子书》(《养一斋文集》卷十八)

【注释】

①恢：广大，宽广。

②饬：整顿。

③贻：遗留。

④异财：分家，各理其财。

⑤心力交殚：精神和体力都消耗殆尽。殚，竭尽。

⑥庶几：大概可以，表示希望。

⑦粗伉：粗疏自傲。

⑧谙：熟悉。

⑨畜盐琐悉：泛指各种生活琐事。畜，细、碎。琐，细碎。悉，全、尽。

⑩纯纯：专心。

⑪克：能够。

⑫制节谨度：指开支要适度。

【评析】

这是作者在为儿子分家时写的告诫信。他深谙教子之道，在这封信中，作者首先向儿子讲述了现在殷实生活的来之不易，目的是希望儿子在分家后要懂得珍惜祖辈们辛苦创下的家业。接着讲述了自己和兄长之间的融洽关系，进而讲到因“伯父之支撑门户，整理家计者，心力交殚矣，年已就衰”，所以要分家，希望儿辈能“各有职业”，不要一味仰仗父辈的庇荫。最后，作者希望分家之后，儿子们能够勤劳俭朴持家，在乡里做一个洁身自好、谦虚谨慎的好人。可见作者分给儿子的不仅是有形的家产，更是使其终身受益的“保家之道”和“保身之道”。

潘德舆

潘德舆（1785~1839），字彦辅，号四农，别号艮庭居士，山阳（今江苏淮安）人。清代学者。道光八年解元。继之六度参加会试，终未考取进士。道光十五年，以大挑补安徽知县，未到官即卒。他精于学术文章，认为挽回世运莫切于文章。故其为文入幽出显，沉痛吐露。著有《养一斋集》十六卷，包括《养一斋诗话》十卷。

《示儿长语》是潘德舆的教子之作，他自述其缘由："拓落无所成就而儿子年届成童，亦殊无远志，朝夕对之，窃自愧教不先也。"于是采录"古人立身绩学之大纲"来教育儿子，希望儿子以此作为传家宝训，世守勿失。这里选录其中的一部分。

潘德舆故乡的名山

【家训节选一】

为禽为兽，为孝为忠。天壤悬隔，方寸[1]之中。尔心能存，目明耳聪。尔心不存，目瞽[2]耳聋。尔心能存，荣及祖宗。尔心不存，灾及尔躬。何穷何通，何吉何凶。正心淫心，天不梦梦[3]。毋黠而惰，宁拙而恭。宁直而啬，毋曲而丰。五经之外，更无信从。五伦之外，更无事功。五常之外，更无心胸。士不治心，不如力农。

——《示儿长语》

【注释】

①方寸：指人的内心。

②瞽：眼瞎。

③梦梦：昏聩。

【评析】

这则家训名为“心法吟”，是整部家训的纲领，阐述了作者的传心养性之法。他将正心、邪心所导致的截然相反的结果加以对比，强调了治心的重要性。在此基础上，他提出了“士不治心，不如力农”的观点。

【家训节选二】

凡读书，须为终身计。古人每日只读一本书，一本书只读二三百字，二三百字便读二三百遍，所以终身不再读此书，而无不熟也。所以有余力读他书、生书[1]，无一日停，而能无书不读也。尔辈始而生书，继而熟书，终而带背，似手法详虑密[2]。究竟读生书时，预备做熟书，再加遍；读熟书时，预备归带背时，再加遍。挨次姑待，无一踏实透熟之时，故已归带背，仍然与熟书等。必须读而后背，其为有名无实亦甚矣。带背既多，时日不给，不得不停生书以理之，此为磨面之驴，终日循环而一无所见[3]，眼前路，究不知何处者也，其可哀亦甚矣。今生、熟书、带背之例，诚难骤革，然尔等每读生书，便须知为终身计；则熟书带背，亦势如破竹矣。其已做熟书、已归带背者，每日温理时，亦须痛下工夫，为终身之计，方有出头日子。否则，每日读书，无一本熟。不智不信，即读书一端，而知为庸恶陋劣之徒矣。

读书。读，固要紧；背，亦要紧。大抵背之时，不可早；背之数，不可少。如一书，须读五六十遍方熟者，定至五六十遍方背。须三四十遍方熟者，定至三四十遍方背。早，则生疏而不自然浃洽[4]。此背之时，不可早也。又如一书读之五六十遍方熟者，定须背十五遍；读之三四十遍方熟者，定须背十遍。古人看读百遍，背读亦百遍，所以书之精熟。今背十五遍，或十遍，较之古人，已减其十之八九，岂可更少？少则生疏而不自然浃洽矣。此背之数，不可少也。其背的遍数已足后，仍加读的遍数，多一遍，妙一遍。至夏夜露坐，滚背熟书，遍数或多或少，可不拘耳。

读书眼到、口到，仍要耳到。字字入耳，心便在腔内；一字不入耳，便是心走了。此课心之妙诀也。

读书勿遽讲，熟读成诵而后讲。诗文则先讲而后读也。

朱子曰："某旧苦文字记不得，后来只是读。今之记得者，皆读之功也。是知书只贵熟读，别无方法。"又曰："福州陈正之，极鲁钝，每读书，只读五十字，必二三百遍方熟。积习读去，后来却无书不读。"又曰："陈烈先生苦无记性，一日读《孟子》：'学问之道无它，求其放心而已矣'。忽悟曰：'我心不曾收，如何记得书？'遂闭门静坐百余日，以收放心。更去读书，遂一览无遗。"朱子三说，皆读书之真千金方⑤也。

——《示儿长语》

【注释】

①生书：指未读过或不熟悉的书。

②法详虑密：方法详尽，考虑周全。

③磨面之驴，终日循环而一无所见：旧时以驴推磨米面时，往往将其两眼蒙住，让其不停地围着磨台推磨。这里比喻没有掌握学习方法的人，往往反复学习，还是不得要领。

④浃洽：贯通。

⑤千金方：良方。

【评析】

这几则家训名为“读书五则”，是论述读书方法的。潘德舆特别强调读书不为功名、不为文章计，而“须为终身计”，这与当时读书多为宦途计的陋习多少有些背离。同时，他明确提出要把深入理解原书、实践书中的嘉言懿行作为衡量读书成功与否的标准，这样就使人从知行分离的死记硬背中解放出来，使学习成为一件学以致用、改造自身的乐事。关于具体的方法，他推崇朱熹提倡的“三到”，即眼到、口到、耳到，并作进一步的发挥，认为耳到是保持专心的好办法。当然，囿于时代的限制，作者虽不拘于古人看读百遍、背读百遍的定制，但仍然很欣赏、提倡书读若干遍、再背读若干遍的教条。这虽对督促幼童学习有一定的积极意义，但毕竟略嫌死板。

【家训节选三】

作人两大要：敬、信。

作文学韩愈，作诗学杜甫，作字学王羲之，作时文学归有光，此皆今人所知也。独作人不知学孔子，何也？有言学孔子者，则笑其不知量。朱子所谓“让第一等，与别人做”是也。所谓“书不记，熟读可记；义不精，细思可精；惟有志不立，直是无著力处”是也。亦可悲也夫，亦可悲也夫！

君子无四好：无好色、无好货、无好名、无好便安①。

学者四不足畏四大足畏：鬼神，气化也，不足畏；贫贱、时运也，不足畏；诽谤，俗情也②，不足畏；生死，命数也，不足畏。嗜欲不除，禽兽也，大足畏；品行不立，粪土也，大足畏；学问不广，傀儡③也，大足畏；时日易过，草木也，大足畏。

——《示儿长语》

【注释】

①便安：便利安适。

②俗情：世俗的情感。

③傀儡：这里指因为学问不广博而没有主见，任人操纵，形同木偶。

【评析】

这几则家训体现了作者的立身之道，如以“敬、信”作为“作人两大要”；以不好色、不好货、不好名、不好安逸作为“君子无四好”；以鬼神、贫贱、诽谤、生死命数这些身外之物作为“四不足畏”；以嗜欲不除、品行不立、学问不广、时日易过这些至关自身品学修养之事作为“四大足畏”。这些观点对现代人的立身处世仍然有一定的借鉴意义。

王师晋

王师晋(1804~1880)，字以庄，号静斋。他本籍在浙江秀水县新塍镇，直到其曾祖通奉大夫允震，始迁至苏州吴江盛泽。自幼身体羸弱，辍行举业，精研宋儒义理之学。性纯笃，多有义举。《资敬堂家训》是作者为教导其养子王伟桢而撰写的一部家训，分为上下两卷，上卷大多是写给其子伟桢的书信，信中谕示其治家、立身、读书、处世的道理；下卷则摘自作者平时所记日记，多是谈论自己从日常生活中领悟到的处世之道，多用打比喻来说明深刻的道理，读来生动而富有哲理。这里节录其中的几则。

苏州西花桥巷，王氏怀新义庄在巷内

【家训节选一】

为人之道，内则尽其孝悌，外则须择交。正人君子必爽直，必诚实，平居必好学，与之交庶得其益。若轻浮小人，必作事消沮[1]闭藏[2]，虽文彩足观，断不可与之定交。见富贵者，奉承不遗余力；见贫寒者，即轻薄之。此等小人，亦不可近。更有一等貌为君子，术险狠，一堕其术，丧身亡家，孔子所谓“乡愿”是也。当远之如鸩酒毒蛇，以不见为幸。师长品学兼优，尽心教读，当事之如父。倘家有正事，竭力相助，得其欢心，一切奉侍皆须虔洁。子弟成人以后，心存利济[3]。观圣贤一生总要，斯世斯人同归乐，利老安少，怀何等心肠。吾人学问渊深，出而为官，存心教养，伏而在下，著书立说，可法天下。后世居家，保守先业，持己以俭，待人以宽。时存悲悯之心，目击老幼残疾，穷民无告，皆当救援。一切飞走动植之物，亦须护持。天地之心好生[4]，人当常体此意。至于亲族之孤寒者，更宜格外扶持。如遇年荒，米珠薪桂[5]，穷人难以存活，当仗义疏财，人我一体为念。

言语须要谦和，不可凌人。试观谦卦，六爻皆吉言语。尖酸刻薄，妄自尊大，既亏人品，复干天和[6]，寻至破家辱身，非细故[7]也。诗云：“白圭之玷，尚可磨也。斯言之玷，不可为也。”须日日讽诵，以戒口过。

为人之道，道学、经济、文章为重，其次书算，亦有经济存焉，不可不精。大而司农抚藩，小而道府州县，则以天地自然之利，济国家之用而有余。不精则昏聩糊涂，贻害百姓，僚属之贪墨，胥吏之朘削[8]，幕友之欺朦，百弊丛生，何从觉察？即居家之道，一年所入几何，所出若干，亦要精为核算，方不至疏漏。陆梭山《正本制用篇》，不半不俭，总以余一余三，为治家长久之计。积德力学，固为人之根本，而理财裕家之道，亦最宜留心。

前日偶然带翻水盂，泼水在桌上，桢儿将抹布一揩，桌上遂有痕迹，细擦之尚不能净。因悟损友日浸月染，被其所污不少，非痛改力行，琢磨功深，安能尽去其污，可见日亲贤良师傅，虽不见骤然有益，而馨香日久，与之俱化。若损友则一刻不可近，戒之慎之。

——《资敬堂家训》

【注释】

①消沮：消耗毁坏，指成事不足，败事有余。

②闭藏：闭塞，此指心地阴暗。

③利济：利民济世，利国利民。

④天地之心好生：天地之心是爱惜生灵，不事杀戮的，犹《易传》言“天地之大德曰生”。

⑤米珠薪桂：米像珠宝一样贵，柴像名贵的桂木一样贵，比喻柴米稀缺，物价飞涨。

⑥干天和：触犯自然的祥和之气。

⑦细故：细小而不值得计较的事。

⑧朘削：剥削、盘剥。

【家训节选二】

处家之道，既有产业，用度[1]自觉。然必立一章程，方可永久不替。计一年之所入，均作十股。一年家用、先生束修、伏腊[2]供给、置办衣服、一应杂费只用五股，有余而不可尽。其余三股作周济族中亲戚之困乏者、贤士之穷厄、乡里之饥寒者。余两股备凶荒意外，不虞之用，别置簿收储。予生平最爱陆梭山《正本制用篇》，须细心读之，不可一日忘也。

处家之道，有余断不可放债，放债之弊不可枚举。一则己受盘剥之名，人受催迫之累，伤情面，结怨毒，莫此为甚。族谊亲情有过不去者，不如周恤之，人与己可以两忘。居家调度得宜，续置清白房产，收些花息[3]最为稳妥。货殖一道，如资质不近，断不可勉强行之。事出勉强，必有破伤之祸。苟其才足经营，每年籴[4]些稻米，丰年或稍亏折，凶年亦可济人。古人有经济之才，治家宽然有余，出仕亦可惠及黎民。

语云："由俭入奢易，由奢入俭难。"思未雨绸缪之计，不能不置恒产，以养其恒心。然冬季收租，过宽则慢，钱漕何著；过紧则伤德，天怒人怨，又恐破家。至于钱漕多出胥吏之手，过软弱为胥吏鱼肉，过硬劲又防闯事贾祸。随机应变，全在措置得宜。能有俭处即省俭，俭以养廉，俭为美德。若济人利物之处，而亦啬于用，则为吝。吝与俭不同，有公私之分。去奢华，捐粉饰，留有余以补不足，是真俭也。若一味鄙啬，是守财奴所为，又为人所轻贱也。"俭"之一字，诸美毕备，非独钱已也。俭于嗜欲，可以保元育神；俭于言语，可以息是非、养精气；俭于饮食，可以养脾胃；俭于思虑，可以一心静志；俭于交游，可以省酬应；俭于忿怒，可以免怨尤。诸如此类不可枚举。推类以思天下事，无一事不当俭者。三复斯言，可以守身保家矣。

凡遇年荒，灾象已露，粮食未贵，速宜往四处乡镇粜存米数千石，杂粮亦可，籼米更好，陆续粜出，使乡里稍沾微惠。自己米店即亏本，断不可居奇以取奸，利后之子孙。或入仕途，遇天灾流行，不能补救，当速筹银两，总以竭尽心力挽回劫数。或出或处，均当如此存心。自己饮食服用，均要节俭，留有余以补不足。

——《资敬堂家训》

【注释】

①用度：费用，开支。

②伏腊：古代两种祭祀的名称。

③花息：利息。

④籴：买进粮食。

【评析】

《资敬堂家训》全面反映了作者以诗书兴家、勤俭治家、和顺齐家、谨慎保家、忠孝传家的治家思想。王师晋本籍浙江秀水，其曾祖始迁入吴江盛泽镇，开始经商。至其父辈，家中虽殷实，但一直崇尚节俭，并无奢靡之风。他说：“祖父为人一生，克勤克俭，有余则散之昆季，周恤族亲，并及邻里乡党。”深受父、祖家风之影响，王师晋将勤俭作为治家之根本、保家之首务。他训导养子，无论贫富贵贱，都要勤苦奋发、勤俭节约。他区分了节俭和吝啬的差别，认为如果在周济别人的时候，舍不得钱财物品，就是吝啬；不奢华，去粉饰，将自己多余的财物去弥补别人的不足，才叫真正的节俭。他认为不仅在物质生活上要节俭，在个人精神生活和道德修养上也要节俭。他认为，“‘俭’之一字，诸美毕备，非独钱已也。俭于嗜欲，可以保元育神；俭于言语，可以息是非、养精气；俭于饮食，可以养脾胃；俭于思虑，可以一心静志；俭于交游，可以省酬应；俭于忿怒，可以免怨尤”。因此，每件事都应遵守节俭的原则办理，节俭不仅可以用来修身和治家，还可以用来治国。这些观点反映出作者丰富的为人处世经验和独特的立身处世智慧。

张　謇

张謇

张謇(1853~1926)，字季直，号啬庵，江苏省海门市长乐镇（今江苏海门常乐镇）人。中国近代实业家、教育家。清光绪甲午科状元。著有《张季子九录》《张謇日记》和《啬翁自订年谱》等。他主张“实业救国”，一生创办了20多个企业、370多所学校，为我国近代民族工业的兴起和教育事业的发展做出了重要贡献，被称为“状元实业家”。民国十年（1921），69岁的张謇渐渐感到暮年将近，迫切希望唯一的儿子张孝若能够尽快成才并继承家业，因而选取了从西汉到宋代七位名人的教子格言，为《家诫》，书于石碑之上，希望儿子及子孙后代以此为勉。

【家训节选】

我之爱子孙，犹之古人也。爱之而欲勉之，以进德而继业，亦犹古人也。与其述己意，毋宁述古人，乃掇①古诫子语，书庭之屏，俾②出入寓目③而加省，若先世言行之足资师者，自有述训在。

董生有云："吊者在门，贺者在闾。"言有忧则恐惧敬事，敬事则必有善功，而福至也。又曰："贺者在门，吊者在闾。"言受福则骄奢，骄奢则祸至，故吊随而来。

——汉·刘向

君子之行，静以修身，俭以养德，非淡泊无以明志，非宁静无以致远，学须静也，才须学也；非学无以广才，非志无以成学，慆慢④则不能励精，险躁⑤则不能治性。

——三国·诸葛亮

言思乃出，行详乃动，皆用情实道理，违斯败矣。

——魏·王修

百世小人，知读论语、孝经，尚为人师，若能保书，终不为小人。谚曰：积财千万，无过读书。

——隋·颜之推

凡门地高，可畏不可恃，立身行已，一事有失，则得罪重于他人，门高则骄心易生，族盛则易为人所嫉，懿行实才，人未信之，少有疵累，人皆摒之。

——唐·柳玭

立心以忠信不欺为主本，行己以端庄清静为操执，临事以明敏果断辨是非。

——宋·胡安国

勿妄与人接，只是勤俭，循之而上，有无限好事，吾不敢言，而窃为汝愿之，反之而下，有无限不好事，吾不欲言，而未免为汝忧之。

——宋·朱熹

【注释】

①掇：拾取，采取。

②俾：使（达到某种效果）。

③寓目：过目。

④慆慢：怠慢，怠惰。

⑤险躁：轻薄浮躁。

【评析】

《家诫》在形式上与传统的家训不同，其内容不是作者个人所写，而是选录了刘向、诸葛亮、颜之推等七位古代名人的教子格言。之所以这样，是张謇认为“与其述己意，毋宁述古人”，经典诫子语录比自己的话更具有说服力。他选取的教子格言既是对传统家训的传承，更是对自己人生观、价值观的浓缩。他从修身、立志、勤学、为人、处事等方面来告诫子孙忧劳得福、骄奢致祸，勉励子孙谨言慎行、忠厚诚信、行为端正、勤勉读书、恭敬处事、谦逊为人等，看似朴实简单，却是张謇一生的经验与感悟，是一笔极其宝贵的精神财富。

第二部分 家族家训篇

徐州睢宁《全氏家训》

徐州睢宁全氏始祖原本佟姓（名福国，字文瑞），祖藉辽东，系关东望族，当属女真部落，在金朝称夹谷，“夹谷”是女真族仅次于完颜氏的一个较大的姓氏，金朝时就有不少著名的夹谷氏文臣武将。元末明初改姓“仝”至今。元灭明兴，作为元朝旧臣及后代的二世祖戎公，隐居于睢宁城北的潘家村，埋名引遁。三世祖敬公在朝廷“仝氏得就编氓”的政策下，全家编入平民户口，迁入中原地区者，逐渐汉化，明万历二十五年（1597年）七世祖林公首创族谱。现此谱中家训乃始祖十四世嫡孙（名楷，字维桥），在清乾隆四十三年（1788）撰写，其时堂号为松筠堂。《全氏家训》共分立身、交游、教子、敬祖、睦族、保庐、分产、崇俭、尚勤、戒奢、合葬、家业兴败论等篇。

【家训节选一】

道有善恶，两途人遂邪正各异。克念妄念[①]，判别只存几希[②]；作圣作狂，转移只在俄倾。习于善，则恶者不得参，积善之极则为圣贤；习于恶，则善者不得而参，积恶之极，则为盗贼。我至圣先师孔子所云：“性相近也，习相远也[③]。”而为善去恶，则谨小慎微始焉。昔昭烈皇帝[④]训后主[⑤]曰：“勿以恶小而为之，勿以善小而不为，盖薄物细故，自谓无伤之说，最足坏礼义之大防。细行不矜，终累大德。”

【注释】

①克念妄念：语出《尚书·多方》中的“惟圣罔念作狂，惟狂克念作圣”，其意是说成圣还是成狂，全在人的一念之间。

②几希：不多，一丁点儿，无几。语出《孟子·尽心上》中的“舜……其所异于深山之野人者，几希”。

③性相近也，习相远也：人的天性是相似的，由于习染不同才有了差别。语出《论语·阳货》。

④昭烈皇帝：刘备（161~223），字玄德，东汉末年幽州涿郡涿县（今河北涿州）人，西汉中山靖王刘胜的后代，三国时期蜀汉开国皇帝。公元223年病逝于白帝城，终年六十三岁，谥号昭烈皇帝，庙号烈祖，史家又称他为先主。

⑤后主：刘禅（207~271），蜀汉后主，字公嗣，小名阿斗，昭烈皇帝刘备之子，三国时期蜀汉第二任皇帝。

【评析】

《仝氏家训》中，首要条目便是立身。“立身”这一条目中，反复教导的便是为善去恶。引用《尚书》中和孔子、刘备等关于为善去恶的经典论述，希望族中子弟千万谨记这些道理，从小处着手，从细节入手，勿以恶小而为之，勿以善小而不为，积微成著，谨慎对待德行中的细节，万不可因一些无谓的“细行”，最终妨碍大德。

【家训节选二】

睦族。《帝典》[1]曰："以亲九族，九族即睦九族者，高曾祖而父，父而身，身而子，子而孙，至玄曾也，五世[2]亲尽则为远族。帝化自近而远，由九族以暨[3]百姓万邦，远族其所该也。"……今夫相合以天者，族也，相合以人者，友也。族有定，而友无定之，友尚可相联，以义相达，以情同吉凶共患难焉？岂一定之族，独不可相联，以义相达以情也。

【注释】

①《帝典》：指《尚书》中的《尧典》《舜典》篇。

②五世：家族世系相传的五代。父子相继为一世。

③暨：和，及，与。

【评析】

"谱乃一家之史"，其中"睦族收族"是编撰家谱的主要目的之一，族人之间相互关爱、互帮互助，是家族和睦、强大不衰的主要原因。《全氏家训》自然也颇为重视友睦族人，教化族人应该和睦互助。

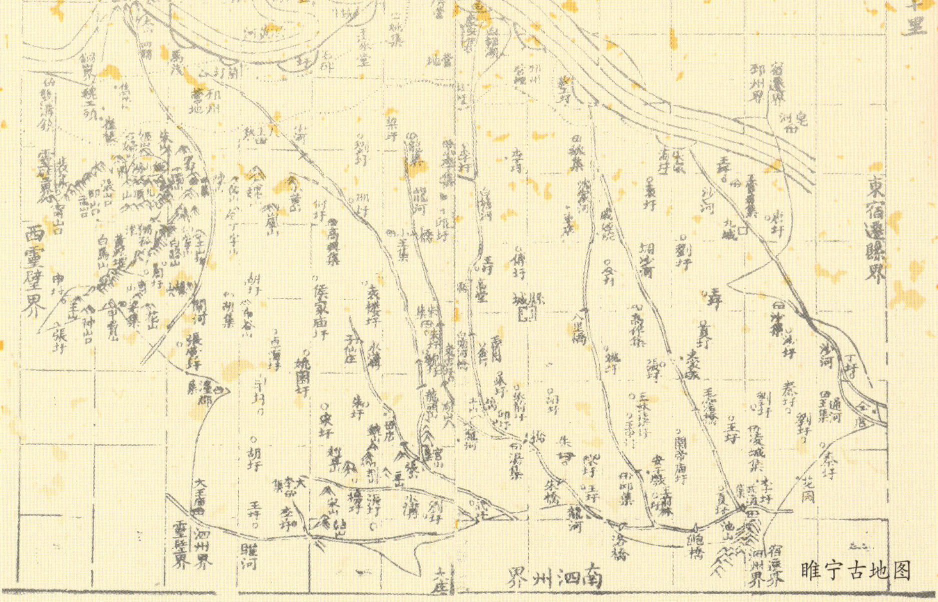

睢宁古地图

【家训节选三】

昔神禹治水，三过不入。周公儆王[①]所其无逸[②]。至圣孔子三计图[③]云：“一日之计在于寅，一年之计在于春，一生之计在于勤。”朱子文公家训曰：“黎明即起，洒扫庭除。”圣贤相传，皆勤是尚。……盖自天子至于庶人无不以勤为本。……勤劳可以兴业，暇逸即以败家。

【注释】

①儆王：儆，让人自己觉悟而不犯过错。王即成王姬诵（前1132~前1083）。周武王姬发之子，西周王朝第二位君主，在位三十七年。

②无逸：《尚书·无逸》篇，周公警示成王不可贪图安逸。

③孔子三计图：这一说法最早出现在元末明初范立本辑录《明心宝鉴》。

【评析】

俗话说“勤劳致富”“勤能兴家”，《全氏家训》列举大禹治水三过家门而不入的例子，说明古圣先王的勤劳，还引用周公对成王的告诫，劝诫族人要珍惜时光、勤奋努力，勿虚度时光，勿贪图享乐，说明唯有勤奋刻苦才能使家业兴旺，否则便会导致家道衰落。

盐城万二公支系《蔡氏家训》

盐城蔡氏先祖祖籍在苏郡阊门。明朝洪武初年，实行戍边屯田制度，迁苏州阊门一带富户百姓至苏北沿海灶区。盐城蔡氏先祖万二公同万一公、万三公同胞三兄弟从苏州阊门郊外远离故土，迁于淮之盐邑。万二公入灶籍，落户盐城伍佑场（今江苏盐城伍佑镇），并置民田以农为家，亦盐亦农，苦度春秋。

迁盐始祖万二公自洪武初年迁来伍佑场后支繁派衍，簪缨继起，代有达人，遂为今之蔡氏大族。沿今六百余年间，盛传近三十代，枝繁叶茂，据宗谱统计现有十万余人，主要居住于盐城市区、大丰市、建湖县、射阳县等地，亦有迁居其他地方的。

《蔡氏家训》作于2007年重修族谱时，与传统家训内容相比，既有区别又有联系。首条不是修世系、敬祖修谱或修祠堂之训，而是富有新时代气息之语，即“热爱祖国，热爱人民”。

还有“夫妻平等，互敬互爱”等内容，更与传统家训中的妇德规训有极大的不同。

蔡氏宗谱

文王十子图，汉画像石，山东嘉祥武氏祠出土。文王十子为长子伯邑考、次子武王发、三子管叔鲜、四子周公旦、五子蔡叔度、六子曹叔振铎、七子成叔武、八子霍叔处、九子康叔封、十子冉季载

蔡氏始祖：蔡叔度

洛阳堂

《蔡氏宗谱》

【家训节选一】

热爱祖国，热爱人民。八德以忠孝为先。凡吾族人的一言一行，不能忘记祖国和人民，不得有背叛祖国的行为，不能参与任何分裂国家的社会组织和宗教团体，不得有危害安定团结的行为。凡公民应尽的义务，吾族人应坚决履行，以实际行动报效祖国、报效人民。

【评析】

此条虽说新时代气息极为浓烈，但却从传统忠孝为本谈起，把传统的忠君思想转化为热爱祖国和人民，古今传承，血脉相接。将忠君转化为爱国、爱人民，且具体指出应该怎样做才是爱国、爱人民。

【家训节选二】

生财有道，不走邪门。致富道路千万条，劝君行事走正道。凡吾族子孙，搞经营要合理合法，不卖伪劣产品，不能利欲熏心、坑害他人。办企业、承包工程要保证质量，诚信为本，注意安全，对职工的权益应当尊重、利益应当关心。……不管干哪一行，都不能违法犯罪。做到不义之财不取，伤天害理之事不为。即使腰缠万贯，也不能为富不仁。德者本也，财者末也。

【评析】

孔子说“君子爱财，取之有道”，《蔡氏家训》作为新时代家训的代表，将“生财有道”列为一条，细致地规定族中之人如果从事商业经营类活动，千万不能卖假货、劣质品，如从事工业实业类行业，要做到诚实守信、保质保量，关心员工合法的权益。最后点出无论从事哪种行业都要守法，不义之财不能取，伤天害理之事不能做，应该做到富而好礼。

连云港云台山

连云港灌云《陈氏家训》

《陈氏族谱》初次修订于南宋绍熙元年（1190），当时便已有《陈氏家训》，陈氏代代相传，距今已有八百多年历史。陈氏一族“代生伟人”，人才济济，为祖国的繁荣振兴做出了杰出的贡献，其中就有陈氏迁海始祖时公第十二世孙，陈百川先生（1867~1946），字锡朋，原为清末举人，辛亥革命前毕业于日本早稻田大学农学系，并参加孙中山先生领导的同盟会。1939年3月初，日军入侵，灌云沦陷，他率众乡亲打响灌云人民抗击日军第一枪，这也是江苏农民自发抗击日寇的第一枪。陈百川平生倾家办学，深受乡党老幼敬重。

《陈氏家训》共十二条，现摘录其中一条，窥一斑而知全豹。

【家训节选】

训子孙。子孙之贤与不肖，门户之盛衰因之；而父兄之教育与否，子孙之贤不肖因之。是以君子之于子孙也，其贤而智者，躬仁义以导之，明经史以教之，择师友以辅之，严课程以督之，可以为家良[①]、为国彦[②]，亢宗[③]保世以滋大也。其不能者，亦须从容教诲、涵育熏陶，使之变化气质[④]、习礼让、知廉耻，庶几不至辱我门户。

【注释】

①家良：家中好子孙。

②国彦：古代指有才学、德行的人，指一国中拥有才华的人。

③亢宗：庇护宗族，后引申为光耀门楣。亢，庇护。

④变化气质：最早出自北宋大儒张载。

【评析】

灌云陈氏一门之所以代有贤人出，与家训中颇为重视对子孙的教育有密切关系。父兄对子孙的教育、规劝是子孙是否成才的关键，有父兄的言传身教，再加上师友的辅持，子孙聪慧者自然能够成才，自会光大家门，即便那些不够聪明的子孙也会在父兄的长久教化下掌握礼仪、知道廉耻，不会做出有辱家门之事。

泰州泰兴《何氏家范》

泰兴黄桥何氏始自南宋宁宗年间，何氏先祖孔庭公为避战乱，率家迁居泰兴黄桥，以耕读为业，以儒学传家，行善积德，睦邻孝悌，从而成为泰兴之望族。《何氏家范》又名“何氏家范条件十则”，由泰兴何氏七世祖何济（1373~1451）制订。

泰兴何氏家族自觉遵循《何氏家范》中的为人做事的基本准则和行为规范。以青桐（梧桐）为族树，教育何氏子孙清正廉洁、崇尚正直；在祭祖的菜肴中，豆腐青菜必不可少，以告诫何氏子孙“只有清清白白做人，才能挺直腰板做事”。《何氏家范》传承数百年，在泰兴广为传颂、泽被一方。

《何氏家范》包括孝父母、友兄弟、叙长幼、敦善行、训读书、奖行谊、崇节俭、安生理等十条，内容涵盖修身、齐家、治学等各个方面。现摘录孝父母、叙长幼、训读书和安生理四条。

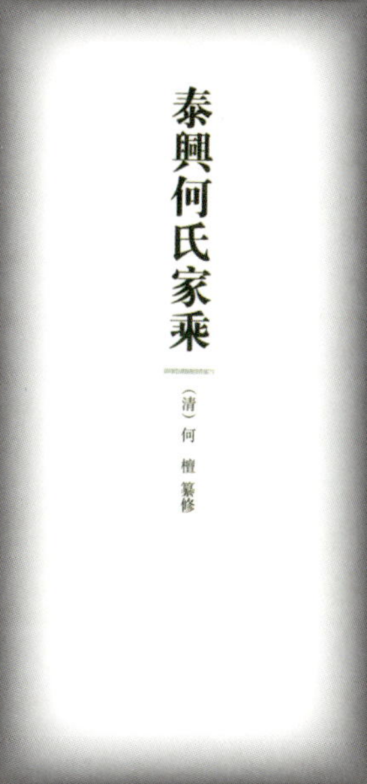

《泰兴何氏家乘》

【家训节选一】

父母之恩，如天高地厚，最难图报。吾族为子者，只是尽其心，力所当为，如饮食、衣服之类，虽是孝之疏节①，宜极力营办，以奉养父母。纵使家贫，当以色养②，不可便生怨怼③。冬温、夏凊、昏定、晨省④，礼不可缺。不幸父母有过，必下气怡色，柔声以谏，委曲婉转，以待其听。或遇疾病，必奉侍汤药，不离左右。然孝心易衰，于妻子又必须朝夕省谕，教以事舅姑⑤之礼，方是一家孝顺。

【注释】

①疏节：简单的礼节。

②色养：出自《论语·为政》中的“子游问孝。子曰：‘今之孝者，是谓能养。’……子夏问孝。子曰：‘色难。’”，后称人子和颜悦色地奉养父母或承顺父母为“色养”。

③怨怼：怨恨，怨望。

④冬温、夏凊、昏定、晨省：凊，寒凉；昏，黄昏；定，安定，此指整理床铺；省，看望、问候。大意是，冬天要为父母温席，夏天要为父母凉席，晚上要帮父母弄好床铺，早晨要向父母问安。

⑤事舅姑：孝顺公婆。

【评析】

孝顺父母是中国传统家训中最主要的内容，《何氏家范》首条便是孝父母，指出父母之恩情好比天高地厚，难以回报。必须遵守侍奉父母的一系列礼数，在生活的细节方面做到尽善尽美，继承孔子“色养”的理念以及“柔谏”的策略，并且指出应该教化妻子遵守侍奉公婆的礼数，如此才不会因妻子的原因减弱自己的孝心，才能阖家皆孝父母。

【家训节选二】

长、上，礼当尊敬，不可傲慢。吾族为子弟者，须尽尊卑长少之分[1]。如侍长者之侧，命之坐，方坐。有问，则起而对。侍食[2]于长者，长者未举，少者不敢食。从长者于外，必须随行，不得并肩而走。……至如出恶言以相骂，逞血气[3]以相殴，则为以少犯上，渐不可长，切不可为。

【注释】

①分：本分。

②侍食：陪侍尊长进食。

③血气：情感冲动。

【评析】

长幼有序是传统家教的重要内容之一。这条细致地引述《礼记·曲礼》上一些侍奉长辈的礼节，目的是教化族中子弟定要遵守这些礼数，万不可恣意妄为，辱骂长辈最是不可饶恕。

【家训节选三】

人家子弟以读书为先，而读书以勤苦为本。吾族为父兄者，须延[1]师取友，教子弟以诗书，令其晓通文义，不令放纵偷安[2]。上，可以立身扬名；次，可以登科[3]入仕；下，亦可以支持门户。若不教读书，唯营末利，甚至子弟目不知书，纵富，必为愚痴顽蠢之夫。

【注释】

①延：请。

②偷安：苟且求生，贪图安逸。

③登科：亦称“登第”，科举考中进士。

【评析】

家族的兴旺发达与否，关键在于能不能教化子弟读书上进。此条指出，家中父兄必须教育子弟去读书，而读书当勤奋刻苦，方可成就一番事业。若不读书，纵使富裕，也只是愚笨痴呆之人而已。

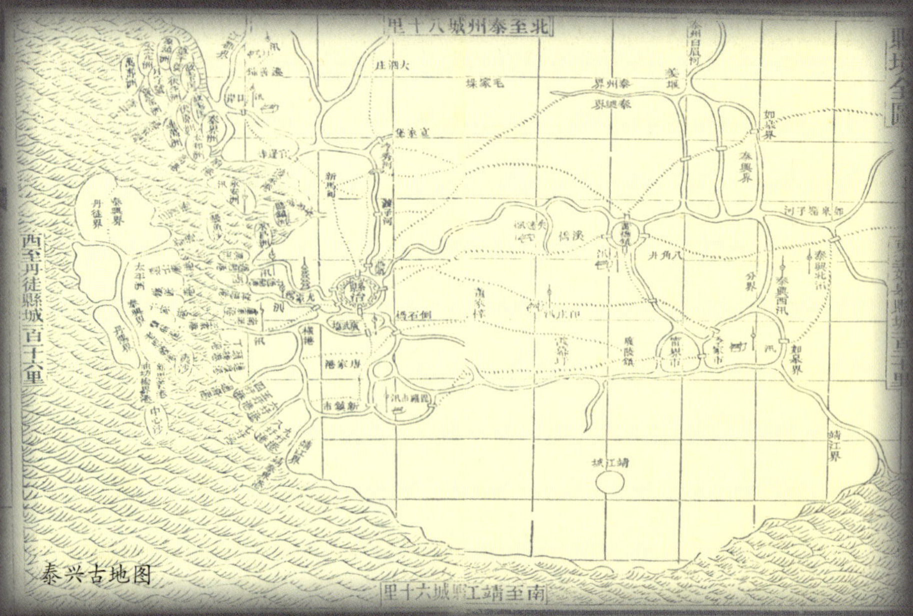

泰兴古地图

【家训节选四】

四民[1]之中，惟士称首，次则务农。如不能力行，则宜以务农为本业。农者，必须勤苦力耕，勿失其时，庶衣食有资，而俯仰可无累。又次则为工，要精巧。又次为商，要公平。四民外，惟医卜近儒术，若俳优[2]、僧道、兴贩[3]、私宰[4]之类，皆非正经生理，切勿为之。

【注释】

①四民：古代中国对平民职业的基本分工，指士（学者）、农、工、商。

②俳优：指古代演滑稽戏杂耍的艺人。

③兴贩：经商，贩卖。

④私宰：私自宰杀。

【评析】

士农工商，传统四民，读书人位居榜首，是传统中国人对职业高低的看法。此条继承这一传统，希望子弟能够读书，其次务农，再其次是做工和行商。并警告族中子弟万不可从事歌舞曲艺、僧道等职业，坚守“耕读传家”，安分守己，才是家门之幸。

扬州江都《束氏家训二十条》

扬州江都束氏始迁祖为（明）束海，《束氏族谱》六卷为清代族人束凤仪主修，清同治八年（1869）补经堂木活字本。《束氏族谱》八卷，卷一为家训、历次修谱序，卷二至卷八为世系、年表，此谱为族人束增富主修，民国八年（1919年）木活字本。江都《束氏家训二十条》除修世系、修祠宇、重祭祀、培祖茔、孝父母、忠君国、敬长上、睦宗族、矜孤寡、和兄弟、教子孙、严闺训、正妻妾、择婚姻、深学业、尚勤俭、立农亩、时输纳、毋争讼、毋赌博、肃家常、丧称有无、贫不奴仆这些传统家训内容，还有戒溺女和共御外侮两条，可想见当时的时代背景。

440　中國家譜資料選編・家規族約卷

族自珠公以來，忠孝廉節，簪纓仕宦，代不乏人。降而後有等不顧廉恥之徒，上玷宗祖，下辱子孫，竄入皂隸，射利肥，刁唆是非，爲害匪淺，貽辱萬代。縱有子孫，永不准赴場考試，可惜湮没不彰，追悔無極。致我等痛懲前規，凡我族內之人，概不准再爲皂隸。倘仍蹈前弊，除向論親支外，將本犯屏逐四裔，決不姑寬。

戒食洋烟

夫黎明即起，見昏便息，治家之法，至妙無倫。所以朱夫子開口即提二語者，誠爲創業成家之實模也。若嗜食洋烟，一燈長守，萬慮俱亡，俾晝作昏，日到中天猶未起，以夜繼日，更交五鼓尚無休。因之神志昏迷，任是豪傑之人，無心功名富貴。由是性情怠惰，即素儉之子，難免玩惕因循。背瘦神消，體愈枯而血槁；背疙肩聳，氣漸衰而不揚。父先作俑，子弟因之而效尤；夫日竭燈，妻孥由此而漸染。一家無分晝夜，凡事付之從容。由是煙費日繁，貨財日耗，精神日蹙，人事日惰。家富者漸至貧窮，貧者益加困苦，始則賣田售產，繼則典物典衣。百計千方，豈爲謀食而設；乞憐告苦，無非過癮之圖。迨至一貧如洗，百物皆空，飲食無資，欲去不得，生死呼吸，無可如何，妻子流離，亦歸莫奈，甚至醜態百出，竟有筆不能書、口不能言者。細思此時光景，能無觸目驚心，煙之害人能有窮乎？吾願族人，疏起脚根作好人，切勿學嗜洋煙，則萬幸矣！

（清羅光琛等纂修《[湖南邵陽]邵西羅氏二修族譜》　清同治八年維章堂木活字本）

江都東氏家訓二十條

修世系

昔先正有言曰："譜書務以時修續。"蓋祖宗德業之隆，子孫生聚之繁，一譜卷而知矣。間有一種子弟，動謂門第崇卑，不係譜書輕重。乃未及數世，而先業罔聞，支派莫辨，族誼不聯者，皆譜書之不作不修故也。誠使世系修明，則文獻足而功德有徵，名分定而尊卑有序，又烏有久而弗傳，繁而弗親之弊哉？自今以後，須於世傳譜書纂修以繼往，補續以開來，庶永無廢墜之患。

修祠宇

夫祠宇者，祖宗神靈所由棲，子孫昭穆所由序，報本追遠之意所由達也。然創立於賢智，而毁於愚不肖，比比皆然。凡爲子孫，須當保護祠宇。倘少有損壞，即宜勤加修葺，毋俾風雨之侵，則廟貌常新，而傾頹之患永無矣。

重祭祀

祭祀大典，人每輕視，殊不知如在之誠，大聖人之垂訓也。凡祭祀之時，務要俎豆陳、粢盛潔，儼若宗靈在上，此《中庸》所以有"事亡事死"之明訓也。倘未祭而不齋，當祭而或怠緩，其不敬祖宗爲孰甚，又安求其所謂孝思不匱、永錫爾類哉？至祭畢有享，不可亂坐，不可酗酒，不可諠譁，不可損壞器皿，不可假公濟私，不可多言生事。凡有此等，俱當懲治。

培祖塋

祖宗所賴於子孫者，爲其與我世守此土耳。然使無樹木栽培，石碑誌表，則將來世遠人亡，

《束氏家训二十条》

【家训节选一】

夫好生恶死之心，人皆有之。世人有厌女子者，或厌多生者，而淹溺于水，是本来投生，反致死地，不唯有乖天伦，而且伤天地之和也。今后产女者，断不可蹈此。

【评析】

从这条家训内容可以反证出在清同治年间民间存在因厌恶女孩，而将其溺死的现象，《束氏家训二十条》珍重其事地提出“勿溺女”的要求，便是对这种现象的强烈不满和反对。认为溺女现象不仅违背天伦，而且有伤天地和气，劝诫子弟千万不能行此大不道德之事。

【家训节选二】

凡吾族之中，不可结构外人以害本家之人。设有外侮之至，宜出力共御，维持体面，尤所谓同源共本之谊也。

【评析】

《束氏家训二十条》成于清朝末期，当时整个国家已是满目疮痍，外敌不断入侵，沿海通商口岸相继开放，抵御外侮几乎成为每一个有良知有学识的中国人的共同选择。《束氏家训二十条》最后专列“共御外侮”这一条便是时代主题的显现。在束氏后人中，束星北（1907~1983）便是一位爱国科学家。因目睹日寇狂轰滥炸，他深切感到仅在课堂上讲课是不够的，一心想为打败日寇贡献力量。1944年4月，他应聘到重庆国民党的军令部技术处研制国防武器，在他的领导下，很快研制成了我国第一台雷达试验装置，后来有人将他称为“中国雷达之父”。

泰州姜堰《王氏宗祠六规训》

泰州学派（我国哲学史上唯一以地名命名的哲学流派，产生于明朝中后期）创始人王艮（1483~1541）、王栋（王艮同族兄弟）、王襞（王艮次子），世称淮南王氏三贤。明隆庆六年(1572)，时为河北深州学正、年已七十的王栋，接到隆庆皇帝嘉奖他夫妇的圣旨，褒奖他“学问深纯，永端模楷”，并允许他致仕回乡。归里后，王栋创学堂，建宗祠，“立宗祠以统族众，制祭田以供祀典”，编族谱遗稿，著《祠堂纪事》。在《祠堂纪事》中，以儿歌形式立家规六条，谓“王氏宗祠六规训”，载入族谱，沿袭至今，并组织乡绅耆宿制订乡规民约，谓“乡约谕俗六歌”，使一方风气谐然。

王氏宗祠位于泰州姜堰市姜堰镇东后街，为泰州学派创始人王艮、王栋和王襞的祀祠，该祠始建于明神宗万历三年（1575），是明清泰州学派的讲学之所，施教对象多为社会基层平民。姜堰古称三水，《三水王氏族谱》先后经历了明、清、民国和当代四次编修。该族谱第一版根据王艮、王栋、王襞遗稿编修而成，清代编修的族谱包括王艮等人的著作、《明代三水镇全图》以及劝人向学、向善的宗祠规训等。

《王氏宗祠六规训》依据明太祖朱元璋颁行的“圣谕六言”（或称“六谕”），即“孝顺父母、恭敬长上、和睦乡里、教训子孙、各安生理、勿作非为”，创作六首歌谣，分别是“孝顺父母歌”“恭敬长上歌”“和睦乡里歌”“教训子孙歌”“各安生理歌”“勿作非为歌”。现摘录“孝顺父母歌”“和睦乡里歌”“教训子孙歌”“各安生理歌”四首。

姜堰王氏宗祠

【家训节选一】

我劝吾族孝父母，父母之恩尔知否？生我育我苦万千，朝夕顾复不离手。

饥雏嗷嗷方待哺，甘脆怎能入母口？每逢疾病更关情，废寝忘餐无不有。

乌鸟[1]犹知父母恩，人不如物至可丑。试读《蓼莪》[2]诗一篇，欲报罔极空回首。

谁人不受父母恩？我劝吾族孝父母。

【注释】

①乌鸟：乌鸦之属。

②《蓼莪》：指《诗经·小雅·蓼莪》，诗中有“哀哀父母，生我劳瘁”和“欲报之德，昊天罔极”等句，抒发了不能终养父母的痛极之情。

【评析】

孝父母是传统家训中的重要内容，“孝顺父母歌”以歌谣形式把父母的恩情朗朗上口地表述出来，形式可亲可近，感情更加真挚，契合泰州学派的平民学术风格，这样更加容易流传。

【家训节选二】

我劝吾族和乡里，古谊由来重桑梓[①]。仁人四海为一家，何乃比邻分彼此?

有酒开壶共斟酌，有田併[②]力同耘耔[③]。每遇匮乏宜相赒[④]，无多才气勿轻使。

见人争斗莫挑唆，闻人患难犹己事。邻里睦时外患消，太和翔洽从此始。

枌榆[⑤]欢会人酣嬉，我劝吾族和乡里。

【注释】

①桑梓：古代常在家屋旁栽种桑树和梓树。又说家乡的桑树和梓树是父母种的，要对它表示敬意。后人用桑梓比喻故乡。

②併：同“并”。

③耘耔：泛指从事田间劳动。

④相赒：相互救济。

⑤枌榆：泛指故乡。

【评析】

和睦乡亲同样是传统家训的基本教训，《王氏宗祠六规训》七字为句，将和睦乡里的一系列做法和乡里和睦的益处以诗歌的形式呈现出来，读起来韵律感极强，音乐性与教义性相融合，易于为人接受。

【家训节选三】

我劝吾族教子孙，子孙好丑关家门。周公挞禽[1]为圣父，孔庭训鲤[2]见《鲁论》[3]。

丝经染就成章采，玉匪磨砻[4]不润温。近人知爱不知劳，遂令蠢子如猪豚。蜾蠃[5]尚能化异类，燕翼[6]何难裕后昆[7]？纵使不才休遽弃，教育还须父母恩。箕裘[8]绍述光庭户，我劝吾族教子孙。

【注释】

①周公挞禽：禽，伯禽，周公之子。据《史记》记载，周成王如有过，周公则挞儿子伯禽,所以示成王世子之道。

②孔庭训鲤：典出《论语·季氏》，“陈亢问于伯鱼曰：‘子亦有异闻乎？’对曰：‘未也。尝独立，鲤趋而过庭。’曰：‘学诗乎？’对曰：‘未也。’‘不学诗，无以言。’鲤退而学诗。……”

③《鲁论》：指《鲁论语》。

④磨砻：亦作“磨礲”。磨治。

⑤蜾蠃：一种寄生蜂。

⑥燕翼：谓善为子孙后代谋划。典出《诗. 大雅. 文王有声》，“武王岂不仕，诒厥孙谋，以燕翼子。”

⑦后昆：亦作“后绲”。后嗣，子孙。

⑧箕裘：比喻祖先的事业。

【评析】

家门的兴衰成败关键在于对子弟的教育，能够教育出好子孙，何须担心家门不兴旺？教育好子女，关键又在于不可溺爱，要秉承“义方之训”，严格劝诫劝导。

【家训节选四】

我劝吾族安生理，处世无如守分美。守分不求自有余，过分多求还丧己。

耕耘收获无越思，规矩方圆法不弛。舟车辐辏[1]宜深藏，货殖[2]居奇戒贪鄙。

饶他异物不能迁，自然家道日兴起。黄金本从勤俭生，安居乐业荣无比。

击壤[3]歌衢[4]帝力忘，我劝吾族安生理。

【注释】

①辐辏：形容人或物聚集，像车辐集中于车毂一样。

②货殖：最早出自《论语·先进》中的“赐不受命而货殖焉”，指利用货物的生产与交换进行商业活动，从中生财求利。

③击壤：《击壤歌》，相传帝尧时，一老者边击壤，边唱道：“日出而作，日入而息，凿井而饮，耕田而食，帝力于我何有哉？”后用为歌颂太平。

④歌衢：指《康衢谣》。相传尧主政五十年，乃微服私访于康衢，听到儿童唱歌，甚为高兴，归来后就禅让天下于舜。

【评析】

中国传统读书人极为看重“安分守己”这种为人处事的规矩，《王氏宗祠六规训》中的“各安生理歌”，劝诫子孙勿要贪图珍奇异物，勿要寻衅挑事，而应恪守本分；勿要多求，而应谨守规矩、不废章法、安居乐业，这样，自然心态平和、家道中兴。

泰州姜堰溱潼镇《李氏家训》

泰州姜堰溱潼镇近年来连出了李德仁、李德毅、李德群三位院士，兄弟三院士，不仅让李氏家族荣耀四方，让许多人折服，也让家训传承的故事成为佳话。在溱潼镇上的院士旧居，厅堂悬有李氏八十字家训。溱潼《李氏家训》是李家三院士的曾祖父李贞发在1890年手书。李贞发曾任溱潼商会会长，其人处事精明，长于经商，不仅担任商会会长，更因为精神品德高尚，获中华民国大总统徐世昌褒赠“孝德永彰”匾额，十分荣耀。

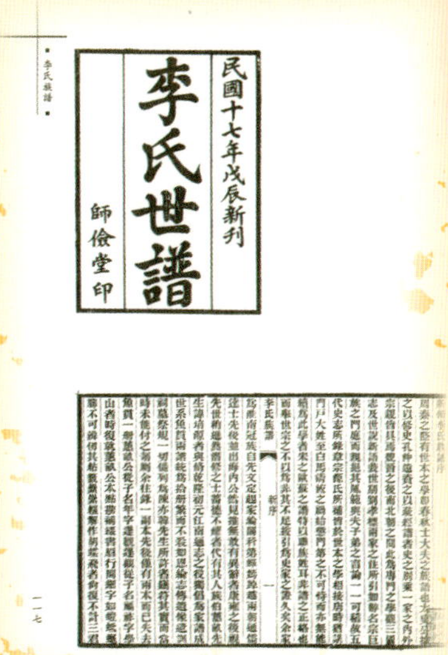

《李氏世谱》

【家训节选】

爱我中华　兴我家邦　少小勤学　车胤[1]孙康[2]

弦歌雅乐[3]　翰墨[4]传香　尊师益友　孝德永彰

和亲睦邻　扶幼尊长　敬德修业　发愤图强

女红[5]针黹[6]　娴淑[7]贤良　诗书共读　兰桂[8]齐芳

扶贫济困　造福一方　克勤克俭　家道隆昌

【注释】

①车胤：字武子，东晋南平郡(今湖南省、湖北省边界）人。相传车胤小时候家里贫穷，只能用萤火虫的光亮照明勤读。

②孙康：晋代孙康家贫，冬天利用雪光读书。有“孙康映雪”这一成语，典出《艺文类聚》卷二，“孙康家贫，常映雪读书，清介，交游不杂。”

③雅乐：典雅纯正的音乐，是一种古代的传统宫廷音乐，指帝王朝贺、祭祀天地等大典所用的音乐。

④翰墨：原指文辞，后世亦泛指文章、书法和中国画。

⑤女红：也称为女事，旧时指女子所做的针线、纺织、刺绣、缝纫等工作。

⑥针黹：针线活。

⑦娴淑：文静善良。

⑧兰桂：兰和桂。二者皆有异香，常用以比喻美才盛德或君子贤人。

【评析】

在这八十字的《李氏家训》中，包含了修身立德、治学立世的基本规范，是对中华民族传统美德的家族解读。李家的子女从小就学到了要勤学读书、尊老爱幼、与人和睦相处等道理，尤其是长辈们的言行举止对后人起着潜移默化的教化作用，令后辈们从小就具备了成就伟大事业的基本素养，让子孙们能够沿袭着家族文化传承的道路成长发展，让家训代代相传。

泰州靖江《盛氏宗规》

靖江盛氏宗族起自明代弘治年间，嘉靖至天启年间，盛氏三世祖为全县首富，立下家训。清代康熙中叶开始修订宗谱，并将家训列入。随后盛氏家族科举登第者接踵而起，嘉庆、道光年间两度建造“魁星阁”。清代末期至今，家族中热心于科技、文化、教育等事业，成就辉煌者不在少数。靖江《盛氏宗规》为清光绪二十年（1894）《靖江盛氏宗谱》修订版本。

靖江孤山

【家训节选一】

从来乡约[1]之设，党正[2]族师[3]，月吉[4]读法。国之所以教万民者，在是；家之所以训子弟者，亦在是。是故能尊乡约则父慈子孝，兄友弟恭，夫义妇顺，聚族而居，蔼然[5]仁里；不尊乡约则父子相夷[6]，兄弟操戈，夫妇交谪[7]，比闾[8]而处，绝少端人。凡我同族，其可有负于乡约乎哉？此后拟于春秋祭日[9]，集族祠内，敬宣圣谕[10]，直解十六条[11]，俾家喻户晓，共相激劝。庶礼义廉耻油然日生，以沐一道同风之化云。

——《盛氏宗规·乡约宜尊》

【注释】

①乡约：指在乡里中订立的共同遵守的规约。

②党正：《周礼·地方司徒》谓乡以下的行政区，依次为州、党、族、闾、比。党有党正，为一党之长，以下大夫任之。

③族师：《周礼·地官司徒》谓乡以下的行政区，依次为州、党、族、闾、比。族有族师，以上士充任。

④月吉：农历每月初一，或指正月初一。

⑤蔼然：温和、和善貌。

⑥相夷：相互憎恶、仇视。

⑦交谪：互相埋怨。

⑧比间：比、间为古代户籍编制基本单位。后因以“比间”泛称乡里。

⑨春秋祭日：传统祭礼中的春秋二祭，春祭在春分，秋祭在秋分。

⑩圣谕：皇帝训诫臣下的诏令或语言。这里指明太祖朱元璋颁行的《圣谕六言》。

⑪十六条：指《圣祖仁皇帝（康熙）圣谕十六条》，内容为“敦孝悌以重人伦，笃宗族以昭雍睦，和乡党以息争讼，重农桑以足衣食，尚节俭以惜财用，隆学校以端士习，黜异端以崇正学，讲法律以儆愚顽，明礼让以厚风俗，务本业以定民志，训子弟以禁非为，息诬告以全良善，诫匿匪以免株连，完钱粮以省催科，联保甲以弭盗贼，解雠忿以重身命”。

【评析】

中国最早的成文乡里自治制度，可以追溯到北宋吕大钧、吕大临等兄弟制订的《吕氏乡约》。这个乡约的四大宗旨，是使邻里乡人“德业相励、过失相规、礼俗相交、患难相恤”。明代，朝廷大力提倡和推广乡约，《南赣乡约》应运而生，影响最广。《盛氏宗规》立场鲜明地列出族人应该遵守乡约，也可见乡约这一基层社会治理模式的盛行。可以说，乡约代表着士大夫阶层对乡里族党的教化功能的落实和实践，因此受到士大夫家庭的鼎力支持。

【家训节选二】

子弟自读书而下，必及时各习一业，使为养家立身之本，习于斯，勤于斯，年复一年，益之。以节俭克振家声者，有之。若其游手好闲，不务正业，无论士农工商，有无恒产，总难以支持，及至家道中落，资[1]亦无策矣。独不思一家之中，上有父母，下有儿女，终岁辛勤，尚难储积，以备婚嫁，况业不精于勤，而荒于嬉[2]耶？

——《盛氏宗规·执业宜勤》

【注释】

①资：通“此”。

②业不精于勤，而荒于嬉：典出唐代韩愈《进学解》中的“业精于勤，荒于嬉；行成于思，毁于随”。

【评析】

勤俭持家是传统家训中的基本教诲。《盛氏宗规》也秉承这一传统，指出无论从事何种职业，士、农、工、商皆须做到勤奋、节俭，才能保障家族的兴旺发达，才能不陷入饥寒交迫、家道中落的境地；告诫子孙切勿好吃懒做、游手好闲。

【家训节选三】

盖旁门左道[①]，向干[②]例禁[③]。无如愚氓通病，动以烧香媚神为至计。更可笑者，乡间有种佛头，到处煽惑妇女轮年做会，托名“讲经可以消罪，明路可以邀福”，挨到之户，即聚集男女，通宵达旦，其中非但耗费钱财，抑且为奸邪之薮[④]。

——《盛氏宗规·香会[⑤]宜禁》

【注释】

①旁门左道：现泛指不正派的东西。

②干：触犯，冒犯，冲犯。

③例禁：谓条例中所明令禁止者。

④薮：本意是指生长着很多草的湖泽，借指人或物聚集的地方。

⑤香会：一种古老的汉族民俗及民间宗教文化活动。作为庙会的衍生物，是百姓专为赶庙会而组成的民间临时性组织，庙会结束后则自行解散。香会寄托了汉族劳动人民一种祛邪、避灾、祈福的愿望。

【评析】

庙会、香会是传统中国民间信仰的主要形式，是老百姓祈福攘灾的活动，包括祭神、娱乐等各种名目，有学识的士大夫家族对这种活动多有不满。《盛氏宗规》就指出，香会不但浪费钱财，还会招致奸淫邪恶的事情发生，因此严厉禁止族人组织或参与此类活动。

扬州《何氏家训》

扬州何园园主何芷舠，壮年致仕，归隐扬州，于光绪九年（1883）斥巨资建造大型私家住宅园林，“祖孙翰林”“兄弟博士”“父女画家”“姐弟院士”等人才代代层出不穷，这与其奉行的一套严格完善的家教密不可分。《何氏家训》刊刻在《何氏族谱》中，详尽地规范了家族成员的修身处世、待人接物之道，不失为一部循循善诱的家庭教科书，凸显着一个大家族的文化渊源、道德理想与生存智慧。

扬州何园

【家训节选一】

欲知子弟读书之成否，不必观其气质，亦不必观其才华，先要观其敬与不敬，则一生之事业概可见矣。凡开蒙[①]之后，能渐渐收敛，一唯师教之是从、亲言之是听。敬重经书，爱惜纸笔，洁净几案[②]，整肃身心，开卷如亲对圣贤，熟读精思，沈潜玩索，将书中义理反来就自家身上体认。……如此为学，虽愚必明。……所以古之圣贤，教人先在洒扫应对时着力，引诱提撕，拳拳以持敬为本。

读书以百遍为度，务要反复熟嚼，方使味出。使其言皆若出于吾之口，使其意皆若出于吾之心，融会贯通，然后为得。如未精熟，再加百遍可也，仍要时时温习。若功夫未到，先自背诵，含糊强记，终是认字不真，见理不透，徒敝精神，无益学问。

——《何氏家训·读书写字之规》

【注释】

①开蒙：旧时指儿童入书塾接受启蒙教育；泛指开始教儿童识字学习。

②几案：长桌子，也泛指桌子。

【评析】

何氏是由科举及第而走向发达的家族，尤其重视对子弟的教育。本则家训是全部家训中篇幅最长的一则，详尽论述了读书治学之道，认为判断一个孩子读书学习能不能有成，不用看他的资质，也不用看他的才华，首先要看他是不是心存诚敬，能不能以诚敬之心对待读书学习；并着重指出读书的方法——熟读，所谓“读书百遍其义自见”，要温故知新，无须死读书，也千万不要死记硬背，这样都不能了解书中的道理，只会白白浪费精力，没有任何好处。

【家训节选二】

凡与宾客及尊长、卑幼、君子、小人相接，义节固有不同，咸不外乎敬而已矣。若待尊长，必须言温而貌恭、情亲而意洽[1]。尊长或不我爱，益加敬谨可也。待卑幼又在自敬。其身苟能尊严正大、肃矩整规，则为卑幼者修饬畏惧之不暇，孰得而上犯之耶？一或琐碎亵狎[2]，便无忌惮矣。待君子之敬根于心。凡相见、往来、交际之礼，俱宜从厚，其敬始伸。若稍薄则为慢矣。待小人则不然，外若敬而内则疏、包容退让。宁受亏一分，使之自满自愧，于我亦无所损。若与之争竞校量，一旦弃绝，或发其隐私、斥其过恶，彼必终身怀忿，不至中伤而不止耳。此乃一生所验之良方，以为后人应世之药石。

——《何氏家训·待人接物之规》

【注释】

①意洽：心意相通。

②亵狎：亵，轻慢。狎，亲近而态度不庄重。

【评析】

这条规训可算是作者一生的经验之谈，恳切希望后人在待人接物方面能够听从、谨记这些深刻的教训和说法，勿忘前人的经验和教诲。传统中国素称礼仪之邦，待人接物是一个大家族成员的必修课。此条重点强调“诚敬待人”的道理，指出诚敬待尊者、长者，是本分；诚敬待晚辈，是自重；诚敬待君子，是真心实意；诚敬待小人，会少惹麻烦。

扬州何园

镇江焦山（曹庆春提供）

镇江润州《丁氏宗约》

古润州开沙丁氏始祖顗公，世居河南洛阳伊川，北宋靖康二年(1127)四月，金兵掳走徽、钦二帝及宗室、宫人四百余人北返，北宋至此灭亡，史称“靖康之耻”，之后，宋高宗赵构（1107~1187）迁都杭州，四世孙素公携家族随往南迁，初寄居濠泗之上，后在扬州江都为官，最后在润州定居。

《丁氏宗约》选自清丁茂春在道光十四年撰修的《丁氏宗谱》，属木活字本。

【家训节选一】

子孙有为非不肖、玷污祖宗并一切名教所不容者，通族仗义治之。

子孙有依势凶顽[1]、干犯尊长并一切横暴[2]以凌人[3]者，通族仗义责之。

子孙有能安分守己或无故受人欺侮、被人诬陷者，通族仗义扶之。

子孙有能励行苦节[4]、有志向上而贫乏不能自振者，通族仗义助之。

——《丁氏宗约·合族所当义举者四》

【注释】

①凶顽：凶恶愚顽。

②横暴：强横凶恶。

③凌人：谓以势压人。

④苦节：指过分节俭，坚守节操。

【评析】

明清以后出现了很多规模庞大的士大夫家庭，这些大家族中的家训、族约或宗约成为家族管理的“法律性文件”，具有家法的性质。子孙如果行为不当，族中会有明确的惩罚性规定；子孙如有困难且志向高远，族中也会互帮互助。一族之内如一个小社会，家族自治能力得到加强。

【家训节选二】

孝悌者立身之本也，凡子孙切宜勉之，外此而悖逆乖违、所以伤风而败俗者不可为也，戒之哉。

勤俭者资身[1]之策也，凡子孙切宜勉之，外此而奢淫怠惰、所以速贫而忘家者不可为也，戒之哉。

亲贤者成身之要也，凡子孙切宜勉之，外此而淫朋[2]比昵[3]、所以败德而损品者不可为也，戒之哉。

——《丁氏宗约·合族所当戒勉者五》

【注释】

①资身：资养自身；立身。

②淫朋：邪党。亦谓勾结，朋比为奸。

③比昵：亲近。

【评析】

《丁氏宗约》列出应当引起全族人警示的五条，其中最重要的一条便是孝顺父母、尊敬兄长，这是立身成德的根本，所谓“孝悌者立身之本也”；其次是重视勤奋节俭，如此才能保证家族的兴旺发达；还有告诫子孙一定要去亲近贤人，结交益友，勿要结交损友，如此才不会因为交友不慎，导致损身败德。

【家训节选三】

一、定服制[1]以别尊卑。

二、谨称谓[2]以序长幼。

三、辨行坐[3]以明礼节。

四、斥奸险以杜衅隙[4]。

五、严劝戒以励淑慝[5]。

六、驭奴仆以别良贱。

——《丁氏宗约·合族所当遵依者六》

【注释】

①服制：是指死者的亲属按照与其血缘关系的亲疏和尊卑，穿戴不同等差的丧服制度。

②称谓：称呼，名称。

③行坐：行走或坐定，谓一举一动。

④衅隙：隔阂，缝隙。

⑤淑慝：犹善恶。

【评析】

《丁氏宗约》以简洁明快的字词规定了全族人都应该遵守的行为规则，首先划定五等丧服、审定称谓与辨别举动，为的是能够区别尊卑亲疏和长幼，能够按照一定的礼节和规矩来行动；并告诫族人勿要结交奸险之人以免招致祸害；要严格教育子孙，管理好家中仆人，以使子女成才成德、建功立业。

苏州洞庭席氏家训

席氏是苏州洞庭东山的名门望族，自明入清世代业贾，名商辈出。特别是晚清上海开埠后，席氏转战上海金融界，形成了势力雄厚的“买办世家”，被称为“中国近代金融第一家”。曾任上海英商汇丰银行买办的席正甫，曾任中国银行总经理的席德懋，曾任民国时期中央造币厂厂长的席德柄，曾先后任《申报》经理的席子眉、席子佩等，都出自席氏家族。

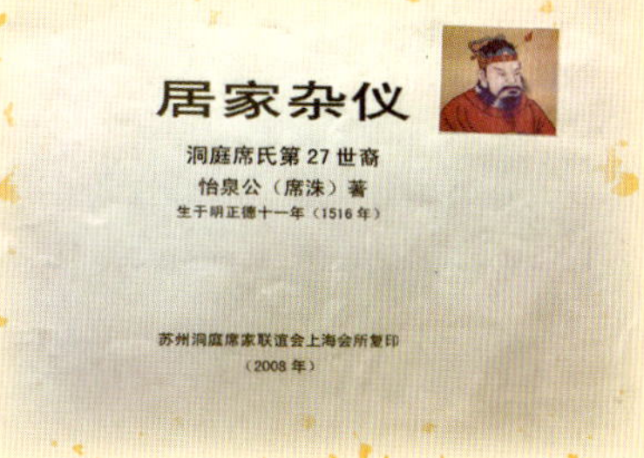

《居家杂仪》

在洞庭东山席氏家族的发展史上，明朝万历年间的席洙（1516~1582）是一位承前启后的关键人物。他对席氏家族的最大贡献在于集数年之力，撰写了席氏家训《居家杂仪》。从万历年间起，席氏族人就将它奉为宝训，附在席氏家谱中代代相传。它为席氏族人提供了读书求贵和经商求富的基本思路，对洞庭席氏家族的发展产生了巨大而深远的影响。

席家花园（启园）

【家训节选】

凡幼稚之时，初入学必从明师开蒙，庶[①]句读[②]皆得其正。四书本经，务令熟读，颇知文意即与讲解，他日学为文字自然豁达……凡我山乡，但有二三子，可将一子稍敏者专于读书，昼夜苦攻，必有成者。

凡生子[③]未冠之时，上不能攻书，下不能务农，年不及十五六岁，须烦亲识[④]带领出外，早学生理。自幼琢磨，庶肯受人之教，他日必有成也。

不论资本多少，惟要勤谨……莫贪花酒，以误营生。勿学赌博，靡费资本。凡交易买卖，切不可使低银[⑤]，但用成色搭使，止可用九成甚至八成为止，其余六七成及对倾鼎银决不宜用。

——《居家杂仪》

【注释】

①庶：表示希望发生或出现某事，进行推测。

②句读：古时称文词停顿的地方叫做句或读。连称句读时，句是语意完整的一小段，读是句中语意未完、语气可停的更小的段落。古文是没有标点符号的，因此需要“明句读”。

③生子：古时以十五岁的少年为“生子”。

④亲识：犹亲友。

⑤低银：指成色低的银子。

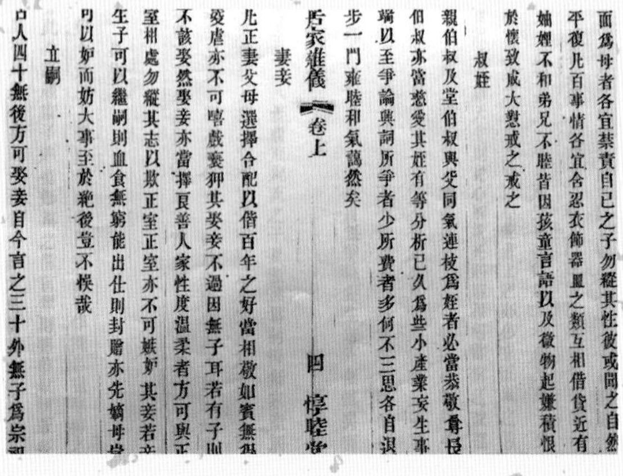

面爲母者各宜禁責自己之子勿縱其性彼或聞之自然
平復凡百事情各宜含忍衣飾器皿之類互相借貸近有
妯娌不和弟兄不睦皆因孩童言語以及微物起嫌積恨
於懷致成大懟戒之戒之

叔姪

親伯叔及堂伯叔與父同氣連枝爲姪者必當恭敬尊長
伯叔亦當慈愛其姪有等分析已久爲些小產業妄生事
端以至爭論興詞所爭者少所費者多何不三思各自退
步一門雍睦和氣藹然矣

居家雜儀 卷上 四 惇睦堂

妻妾

凡正妻父母選擇合配以偕百年之好當相敬如賓無得
凌虐亦不可嘻戲褻狎其娶妾不過因無子耳若有子則
不該娶然娶妾亦當擇良善人家性度溫柔者方可與正
室相處勿縱其志以欺正室正室亦不可嫉妒其妾若
生子可以繼嗣則血食無窮能出仕則封贈亦先嫡母
可以妒而妨大事至於絕後豈不悮哉

立嗣

凡人四十無後方可娶妾自今言之三十外無子爲宗

《居家杂仪》

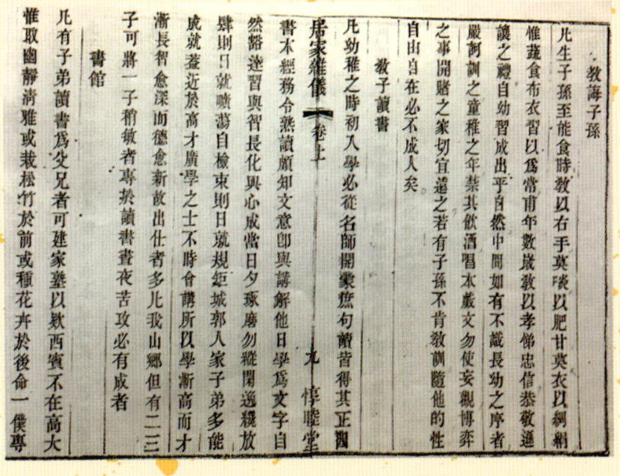
教誨子孫

凡生子孫至能食時教以右手莫啖以肥甘莫衣以綢絹惟蔬食布衣習以爲常甫年數歲教以孝悌忠信恭敬遜讓之禮自幼習成出乎自然中間如有不識長幼之序者嚴訶訓之童稚之年禁其飲酒唱本戲文勿使妄觀博弈之事開賭之家切宜遠之若有子孫不肯教訓隨他的性自由自在必不成人矣

教子讀書

凡幼稚之時初入學必從名師開蒙庶句讀皆得其正四書本經務令熟讀頗知文意即與講解他日學爲文字自然豁達習與智長化與心成當日夕琢磨勿縱閑逸幾放肆則日就曠蕩自檢束則日就規矩城郭人家子弟多能成就蓋近於高才廣學之士不時會講所以學漸高而才漸長智愈深而德愈新故出仕者多凡我山鄉但有二三子可將一子稍敏者專於讀書晝夜苦攻必有成者

書館

凡有子弟讀書爲父兄者可建家塾以款西賓不在高大惟取幽靜清雅或栽松竹於前或種花卉於後命一僕專

居家雜儀 卷上 九 惇睦堂

《居家杂仪》

【评析】

作为儒商家训的代表，席氏家训有别于仕宦世家、耕读传家的家训，具有儒商并重的特征。从儒的一面来说，家训中有教子读书、延请明师、科举仕宦、以义取利、公平交易、热心公益等内容。从商的一面来说，家训中提出在子弟年幼之时，就应该体察其材质，不能读书和务农的要当机立断，带到外面“早学生理”，在实践中磨练和提高商业见识与经商技能，逐渐成为精明的成熟商人。席氏子弟也不负所望，在士，商之间角色转换自如，儒、贾并行不悖，使洞庭席氏赢得了“儒贾”之谓。

南京江宁甘氏家训

金陵甘氏家族是著名的文化世族，世居江宁小丹阳，明末迁入南京城内。嘉庆四年(1799)，甘家迁至南捕厅，甘国栋（字遴士，藏书家）将堂号定为“友恭”，希望兄友弟恭的精神成为甘家治家、处世的准则。嘉庆十七年（1812），甘国栋请长洲（今江苏苏州）人王芑孙撰写了《江宁甘氏友恭堂记》，回顾了甘氏家族的历史，总结了金陵甘氏世代相传的“友恭家训”。

甘熙故居

【家训节选】

惟友与恭，实为民彝[1]，有或不克，泯乱[2]随之；惟友与恭，实惟庸行，由是而推，施于有政；惟此友恭，出于孝思，明发有怀，各敬尔仪，惟此孝思，施及百世，以引以翼，而昌而炽。丹阳之甘，世胄[3]江南，有靓斯堂，族训是覃；有懿其训，贻自尔先；服之无斁[4]，以式后贤；后来绳绳，甘门其兴；我铭在堂，世德是征。

——《江宁甘氏友恭堂记》

【注释】

①民彝：犹人伦。旧指人与人之间相处的伦理道德准则。

②泯乱：昏乱；混乱。

③世胄：世家子弟；贵族的后裔。

④斁：厌倦。

【评析】

兄友、弟恭是儒家对兄弟相处的规范和要求。甘氏家族有多年商海沉浮的经历，再加上嘉庆年间内乱不休、社会动荡，使他们切身感受到社会政教无常、人心不稳，唯有血浓于水的兄弟之情最为可靠。于是，为了训勉后代子孙兄弟友爱团结，甘氏族人衍生出“友恭”家训。在“友恭”家训的熏陶下，甘家造就出一代又一代被邻里誉为学有所长、儒雅敦厚的后世子孙。如甘国栋长子甘福，人称孝义先生，道光十八年受旌表，入祀金陵忠义孝悌祠，时人赞其以礼事亲、慷慨好义、乐善好施。甘福弟遐年、延年虽都以经商为业，但都注重道德修行，以孝事亲，乐于行善，青史留名。

无锡荡口华氏家训

无锡华氏家族被誉为明清时期无锡第一望族，在明清时期华氏共出了三十七名进士，仅荡口华氏就有二十二名。荡口华氏是无锡华氏中具有代表性的一支。几百年来，荡口华氏以勤勉“力田”为本业，对内以“孝悌”维系亲情，对外则秉持忠厚仁德的处世之道，施行善举，历经几十代而兴盛不衰，名人辈出，如明代收藏大家华夏，较早开始铜活字印刷的华燧，与徐寿合作造出中国第一艘蒸汽机轮船“黄鹄号”的数学家华蘅芳，华蘅芳的弟弟、同为数学家的华世芳，近代著名实业家华绎之，当代著名漫画家华君武等等。

华氏家族的家训主要体现在荡口华氏“始迁祖”华贞固所著的《虑得集》中。《虑得集》共四卷，分为家劝、祭礼习目、冠婚仪略、治丧纪要四个部分，又辑华贞固诗文杂著二卷附录于后，内容涵盖了勤业、修身、孝悌、清廉、劝学等多个方面。《虑得集》作为治家经典，世代相传，为华氏家族的长盛不衰奠定了坚实的基础。

荡口古镇

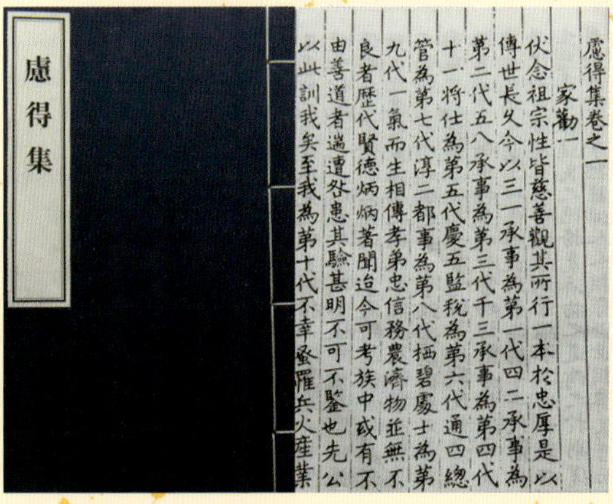
慮得集

慮得集卷之一
家勸一
伏念祖宗性皆慈善觀其所行一本於忠厚是以
傳世長久今以三一承事為第一代四二承事為
第二代五八承事為第三代千三承事為第四代
十一將仕為第五代慶五監稅為第六代通四總
管為第七代淳二都事為第八代栖碧處士為第
九代一氣而生相傳孝弟忠信務農濟物並無不
良者歷代賢德炳炳著聞迨今可考族中或有不
由善道者遄遭咎患其驗甚明不可不鑒也先公
以此訓我矣至我為第十代不幸蚤罹兵火產業

《虑得集》

【家训节选】

我愿汝等继承上世①一气所生慈善之性、纯良之德、务农济物②之道，修之于躬。复用劝告于子子孙孙，俾人人相守、世世相传，笃信而力行之。则根本坚固，枝叶自然长茂，而可守其嗣祀矣，勉之，勉之！

惟愿子孙勤耕、纳赋、守分、养亲，力行德义，以尽庶人之道耳。

此吾所以不忧子孙之乏财，唯忧子孙之不德尔。噫！设或不贤，虽赀货③充积，亦弗能有适，足为累身之具；使其果贤，则能景行前哲，以义为利，衣食自当裕然，岂可不以积德为重哉?

见贤则思齐，见善则企及。

日自省，为持心、修身、改过、迁善之始也。

凡遇事务，必要明白参问，具陈情实，精思、详虑、熟议可否，择善而行。勿执己见，勿恃己能，勿遂己欲。

凡闻闲言是非，先究何所从来，即时明白面问，不得藏疑，恐成积怨。大抵间言不入于耳，便无彼我之私，而亲谊自厚。苟能责己恕人，不介胸中，尤为盛德也。

为兄为弟，为子为孙，宜思孝悌忠信，力行礼仪以和顺之，则福祉备膺矣。

慈善之心，忠孝之道，吾家历代循守，伤人之财，害人之事，吾家积祖不为。居处恭，执事敬，与人忠，是吾徒之所当然者，乃日用常行之道也。

华氏义庄

孝悌、忠信、礼仪、道德，贤人君子之所以体用者，在乎经书之中，不可不读，不可不习。若能习与性成，则贤人君子之所同归，使后世称为良善之家，子孙不亦美乎，不亦美乎?

广学问，博学不厌，下问不耻，孜孜奉国，忧公如家，卿大夫之道也。

笃学修身，孝悌忠信。格物致知，穷理尽性。仁熟义精，为贤希圣。

——《虑得集》

【注释】

①上世：这里指先人，祖先。

②济物：犹济人，济助别人。

③赀货：资财货物。

【评析】

在《虑得集》中，华贞固表达了他对家族物质财富和精神财富传承的见解。他“不忧子孙之乏财，唯忧子孙之不德”，认为子孙如果没有良好的道德操守，家产即使再丰厚，早晚也会被他们败光。所以，华贞固告诫子孙要“力行德义”，这样才能保持家业世代绵延不衰。

无锡荣氏家训

荣家祖籍江苏无锡，祖上做过大官，曾经家世显赫。进入近代，荣宗敬(1873~1938)、荣德生(1875~1952)兄弟成为中国近代史上著名的实业家。他们创办的茂新、福新面粉公司和申新纺织公司是旧中国最大的民族资本企业，被毛泽东称赞为“中国民族资本家的首户，中国在世界上真正称得上是财团的，就只有他们一家”。新中国成立后，荣德生之子荣毅仁支持政府的三大改造，对新中国经济的稳定和发展起了重要作用，赢得了“红色资本家”的美誉。

荣宗敬

【家训节选一】

子弟是族中之根基。子弟出得好，族中便有兴隆气象；子弟出得不好，族中便有衰败气象。有志振兴者，宜急加意也。古人有胎教，又有能言之教，自小教起，立法周详，是以子弟易于成材。今俗之教子弟，上者教之作文，取科第而已，文章以外不知也。次者教之杂书算数、市井狙诈之计，以便商贾营生。下者溺爱过甚，任其游荡，先人之目未瞑，而嫖财之资已空，甚至流为乞丐，饥寒以死者往往而有，此虽子弟之不肖，抑亦父兄失教之过也。吾族中各父兄须知子弟之当教，又须知教法之当正，更须知教子弟之当豫。七岁便入乡学，读书多少，随其资质。渐长，有知便择端慤[1]贤师，日课而外，将孝悌诸故事时加训诲，再令习礼仪，务笃实，近正士，远小人。庶[2]先入为主，习惯自然。纵不能入学中举，就是为农为工为商贾，亦不失为醇谨之善人。

——《荣德生文集》

【注释】

①慤：通“悫”，诚实，谨慎。

②庶：但愿，表示希望。

【评析】

一个家族的家运能否绵延长久，关键要看子孙。子孙中有败家子或者“搅家精”，家运一定会败落；相反，家中有刻苦自立的子孙，家运一定会上升。而子孙的好坏，又是和这个家庭的家风分不开的。家风好，子孙自然好，家运也会好；家风不好，子孙可能不肖，家运自然会败落。

【家训节选二】

士农工商，所业虽不同，皆有本职。惰则职业废，勤则职业修，内可慰父母妻子依赖之心，外可免姗笑[1]于姻里。然所谓勤者，非徒尽力，亦要尽道。如为士者，必须先德行，次文艺，切勿因读书识字舞弄文法，颠倒是非，造歌谣作，匿名揭帖等。为农者，不得窃田水，盗树木，欺赖租粮。为工者，不得作淫巧，售敝伪器皿。为商者，不得纨绔冶游[2]，酒色浪费。其或越在四民之外，不士不农不工不商，茶坊酒肆游荡终年者，是为国家之游民，是为天地之废人。倘更有为隶卒、为倡优者，廉耻既丧，族中当共逐之。

——《荣德生文集》

【注释】

①姗笑：讥笑，嘲笑。

②冶游：旧时指男子光顾青楼。

【评析】

荣氏家训除了具有一般家训所有的祭祀祖先、勤俭持家、读书明理、和睦乡邻等内容外，也有自己鲜明的特色，尤其是明确提出了“士农工商，所业虽不同，皆有本职”的观点，形成了“工商皆本”的价值观，这彻底打破了数千年来对发展工商业的禁锢，促进了荣氏家族的近代转型，为苏南近代民族资本率先崛起做了思想和舆论准备。

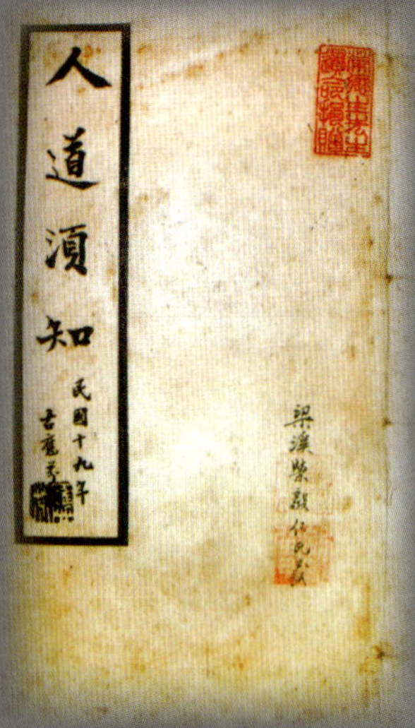

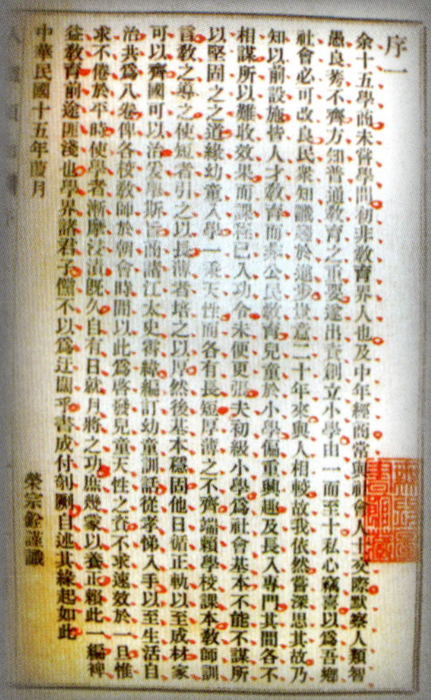

荣德生亲自拟定大纲并免费分赠学校的《人道须知》

【家训节选三】

人生福分，皆有限制，如饮食衣服、婚丧喜庆，尽可从俭，不必奢华。一喜奢华，便有许多不受用处，况多费多取。至于多取，不免锱铢必较，惹人憎怨；且不免奴颜仆膝，仰面求人。是节俭二字，非惟可以惜福，抑且可以养品也。昔人有诗云：常将有日思无日，莫到贫时忆富时。又俗语云：省吃省用省求人。言虽俚，可深思焉。

——《荣德生文集》

【评析】

勤俭是中华民族的传统美德。作为荣氏家族的代表，荣德生修身治家，及至治厂，始终节俭勤谨，堪称典范。在他成为巨富之后，依旧是瓜皮小帽、布衫布鞋，会客才套一件呢马褂。民国元年，荣德生赴京参加全国工商会议，买了一顶呢毡帽，一直用了十多年。平时饮食清淡，不吃鸡鸭，不吃蹄髈，以蔬菜、豆腐为主。在厂里，与公事房职员一起用餐，两荤两素一汤，不开小灶。每次出差去上海，只坐三等两等车厢，花两角钱泡两杯茶。很多人对此不理解，荣德生解释说：“自己省用一文钱，即向人少借一文钱。”他的思想言行对周围的人产生了深刻的影响。

【家训节选四】

以下事上，古今通义。赋税力役之证，国家法度所系。若拖欠钱粮，躲避差役，便不是好百姓，且连累里长为我受苦，于心既不安，设或触怒官长，差提到县，被枷被杖，玷辱身家，却仍旧要办纳，不白吃了一场大亏耶！况今皇恩浩荡，力役之征[1]，民几不知。所证银漕，每年每亩统计不过数百文，此外更无所及。百姓之好做，无如今日者。苟有天良，亦何忍不争先输纳[2]哉！《朱子家训》曰：有钱先完正赋，横竖要完，只须早几日耳。不欠官钱，何等安逸。吾族田产不少，宜共知之。

——《荣德生文集》

【注释】

①力役之征：征用民力。

②输纳：缴纳。

【评析】

荣氏家族的一个典型特质是“爱国”。除了家训中要求的及时上缴赋税、争做一个好百姓外，他们通过创办实业来实现国家的富强。荣德生曾经对身边亲近的人说，“要使中国比美国更富强。”他一再强调：“办实业不是为自己发财，而是为着实现国家富强。”他一生创办了几十个面粉厂、纺织厂，有力地推动了中国面粉工业、纺织工业的现代化发展，为中国民族工业的发展和国家富强做出了不懈努力。

宜兴瀚渎《徐氏宗规》《家训十则》

宜兴瀚渎《徐氏宗规》中指出，宗族有规矩，就如国家有法度。国家法度不明，就无法扬善罚恶。宗族规矩不明确，就无法做到长幼尊卑有序，就无法明确名分。自古以来，家族总因勤俭而兴盛，因奢侈浪费而没落，因积善行德而获得上天庇佑，因作恶多端而遭到上天谴责。编纂者因为忧虑人心和世风日下，所以编辑宗规十余条，附在族谱上以告诫后世子孙，促使他们好好做人，以光前裕后。此处节选《徐氏宗规》中的“供子道”与“笃友于”，《家训十则》中的“务本”与“勤学”。

宜兴玉女潭

【家训节选一】

百行莫先于孝，古人言之详矣。人子事亲莫大乎养生送死，故生则左右就养[①]，疾则侍榻调医，死则竭诚尽礼，固人子所当自致[②]者也。总之有一段真爱心。有真爱即菽水[③]可以承欢，爱不真则牲醴徒具文耳。世或以继晚嫡庶之间，致生嫌忌。亲心宁有偏乎？夫顽嚚[④]尚且烝乂[⑤]，至性可格[⑥]神明，何亲心之不可回也？故人子有忤逆不孝者，宜重惩之，令自改创。若到官府，则无及矣。

——《徐氏宗规·供子道》

兄弟一体而分，自来发祥之家，未有不起于雍睦者也。近世兄弟多相牴牾[⑦]，小或构争，大或兴讼，子姪因而渐染，互为寇仇，良可惜也。若念同胞之情，必须平心观理。不惑妻子之言，不听细人之谮[⑧]，轻财重义，缓急相顾，一气同心，患难相恤。小儿戏嚷，各责其子。闲言不入，嫌隙不生，则厉气消而祯祥应，家道日昌矣。

——《徐氏宗规·笃友于》

【注释】

①左右就养：亲热地赡养。

②自致：亲自料理。

③菽水：指豆和水，喻指生活清苦。

④顽嚚：亦作“顽嚣”，愚妄奸诈。

⑤烝乂：众多的治理。

⑥格：入于，达于。

⑦牴牾：抵触，矛盾。

⑧谮：诬陷，中伤。

【家训节选二】

百行原于孝悌，不笃则人道无从立脚，故务本为先。

孝悌乃为仁之本，即为人之本。仁者人也，舍孝悌无以为仁，即无以为人。夫天既优我以为人，我顾不示所以为人，人面也而兽心焉，能不膺[①]天罚乎？须常念父母之德，昊天[②]罔极，惟务尽其孝思。兄弟之亲，手足同形，惟务深其恺弟[③]，推之九族三党。至于事君事长，随在扩其孝悌之心，庶可自此以为人，不至获罪于天耳。

——《家训十则·务本》

学所以济[④]行，不力则不深，故勤学为归。

天地劳我以生，逸我以死，从无自在而可以成人者。故劳力劳心事虽分，勤则无富贵贫贱一也。吾辈幸而读书，父母之位置我者，不云不高；父母之期望我者，不云不厚。我顾恣意[⑤]养安，甘为人下，又或浅尝辄止，遽以自多，其何以慰我父母乎？须知白日如驰，青春不返，当及少壮努力，毋使老大徒伤。必且早起晏眠，至于忘餐废寝，庶几学业有成，功名可望耳。

——《家训十则·勤学》

【注释】

①膺：接受，承当。

②昊天：原指天空广大无边，后比喻父母的恩德极大。

③恺弟：和乐平易。

④济：补益。

⑤恣意：放纵，不加限制，任意。

【评析】

孝悌是仁德和为人的根本。为人孝悌，才能成为仁者。父母的恩德极大，正所谓“谁言寸草心，报得三春晖”。做子女的应当尽孝养之道。兄弟手足连心，理当彼此友爱。这种友爱之情，还应当推广于九族三党。学习可以促进德行，勤奋学习应当成为人生的归宿。无论劳力还是劳心，富贵还是贫贱，都应当勤劳。因为，只有勤劳，才能成就一个人。这几段家训主要强调了孝悌与勤劳的重要性。

常州《须氏家训》

常州须氏家族迁自辽东，七世祖至仰文公和长文公迁于常熟花林，长文公之孙念萱公迁至金匮县（今属江苏无锡）怀仁乡单口村。须灌泉在家训中详尽叙述了其父亲及其一家过去生活的艰难，认为他们所经历生活的艰辛与所积下的善行，都是难以用言语表达的，因此要求子孙后世“追念及此，有食甘衣美而不安者矣”。他告诫子孙后代，要以孝悌为本，以耕读为业，不要忘记祖宗的勤俭持家的作风，不要败坏忠厚的家风，不得奢侈浪费，不得兴讼相争，不得好逸恶劳，如此才能家道昌盛，而无家世凋零的可怕后果。

《毗陵须氏宗谱》

【家训节选一】

崇圣学："学尧、舜、禹、汤、文、武、周公、孔子、孟子，圣门诸贤，历代大儒之学。帝王有何运量[1]？以孝弟为运量之原。圣贤有何经济[2]？以忠恕为经济之本。读阅经史，择取诸子，庶几不入于岐趋。即书算艺学一门，时宜兼习。但当由本及末，断不可务末而忘本。"

求仁心："天道有好生之德，宇宙内形形物物，无一不被天地之仁。圣贤则亲亲而仁民，仁民而爱物，胞与之怀，浩无津涯。吾人致功当从亲亲始，不能亲亲，安能仁民？不能仁民，安能爱物？亲亲之道，亦惟于子臣弟友夫夫妇妇亲戚故旧，本乎天性，发乎至情而已。仁民之义，夫子曰：'己欲立而立人，己欲达而达人。'以己及人仁者之心，此心岂易而哉？惟强恕而行，求仁近焉。何谓爱物？牛犬不食，蛙蟆不食；戒杀生禽，戒毒鱼鳖；蝼蚁在途，不宜践踏；草木方长，不事斧斤，亦仁物之一端。"

"养身一道，戒色第一要紧。古人以女色比之于虎。至哉斯言！足以唤当世溺色之辈，功非浅鲜。浸假不悟，久之精神昌铄[3]，疾病百出，无所补救。后虽知悔，亦无及矣。此行反覆告诫儿曹，切弗视为具文。曾文正又有节欲、节劳、节饮食之箴，当细心参之。"

【注释】

①运量：犹言承载容纳。

②经济：经世济民，指治理国家。

③昌铄：极大消损。

【评析】

家训谆谆教诲子孙后代，要求他们学习尧、舜、禹、汤、文、武、周公、孔子、孟子，学习历代大儒的学问，要求他们以孝悌作为承载人生大道的本原。并且指出忠恕是经世济邦之道的根本。天道好生，圣贤亲亲仁民，对民众仁德而爱惜物类。亲亲源于天性，发扬出来成为人间至情。一个人按照推己及人的恕道去做人处事，那么就能够接近仁者之心。就养生来说，最重要的是要戒色，不能沉溺于女色。一个人如果一味沉溺于女色，就会极大地消损精神，百病丛生，那么事业和家庭的发达兴旺也就无从谈起。

常州《诸氏宗训》

常州《诸氏宗训》分为十二则，包括尽孝第一、敦弟第二、睦族第三、崇礼第四、培德第五、重祭第六、务学第七、勤业第八、节俭第九、择交第十、息讼第十一、戒赌第十二。此处节选“尽孝第一”“崇礼第四”“务学第七”与“择交第十”。

《诸氏宗谱》

【家训节选】

江湖虽长，绝其源必涸；草木虽茂，掘其根必萎。父母者，人之本源也。太宰[①]八统驭民，以亲为始。释氏三行[②]立教，惟孝居先。昔王梅溪见人礼佛，必教之曰："汝有在家佛何不供养？"今能供养在家佛者几何哉？此之谓不知务。

——《诸氏宗训·尽孝第一》

天下有二门，隆礼、由礼，道义之门；不隆礼、不由礼，邪僻之门。礼者，范围而不过者也。故猿受范于笼则不肆其捷，虎受范于柙则不肆其威，人受范于礼则不肆其欲。治家而无礼，譬犹舍康庄而入荆棘也，动辄招尤。《曲礼》曰："无不敬。"敬之云者，以礼为防者也。

——《诸氏宗训·崇礼第四》

渡江者必托于舟，致远者必托于骥，欲贵者必托于学。宁越苦耕稼，谓其友曰："何为而免者？"其友曰："莫如学。"功名出其中，德业出其中，智慧亦出其中。醴泉无源，芝草无根，但使读书种子不绝，何必丹穴始有凤毛，渥洼[③]乃出神驹哉。

——《诸氏宗训·务学第七》

见山思静，见水思动，见云思变，见石思贞，情随物迁也。人之交友亦然。近朱赤，近墨黑，其始不觉，久与化矣。《同人》之初曰"出门"，《随》之初亦曰"出门"，言不苟同，不诡随[④]者当自出门始也。

——《诸氏宗训·择交第十》

【注释】

①太宰：中国古代官职，在不同的朝代职责和地位不同。

②三行：佛学用语，亦名三种业，出自《大智度论》和《正法念处经》。

③渥洼：水名。在今甘肃省安西县境，传说中出产神马的地方。

④诡随：妄随他人。

【评析】

父母是人的本源，应当好好奉养父母长辈。古人治理民众，就以亲亲之道为开端和着力点。天下有二门，尊崇礼是道义之门；不尊崇礼，就是邪僻之门。没有规矩，不成方圆。礼，就是成方圆的规矩。一个人遵守礼，就不会放纵欲望。同样，治理一个家族，也必须遵循礼。如果想要追求富贵，那么就得努力学习。功名、德业和智慧，归根到底都出于学习。就交友之道来说，应当结交德行高尚的人，这是因为"近朱者赤、近墨者黑"的缘故。

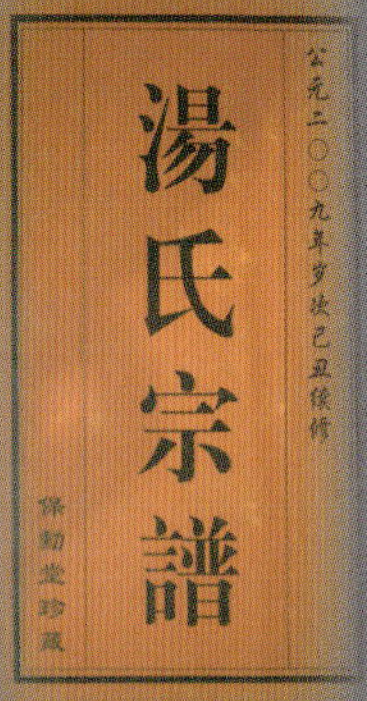

《汤氏宗谱》

常州毗陵孟河《汤氏家训》

常州毗陵孟河《汤氏家训》以《朱子家训》为蓝本，在引言中就开宗明义地说，“齐家为治国根本”。本家训有二十则，包括修谱系、建祠宇、志坟墓、置祭田、明宗法、顺父母、敬尊长、和兄弟、教子孙、睦宗族、择婚姻、输国税、戒争讼、慎交游、毋赌博、尚勤俭、怜孤寡、禁斗殴、敦品行与惩贪欲。此处节选“引”“教子孙”“慎交游”和“尚勤俭”。

【家训节选】

圣经[1]云“欲治其国者，先齐其家”，则齐家为治国根本。柏庐先生《治家格言》是以风行海内，名曰“朱子家训”，此《汤氏家训》所以仿也。

——《汤氏家训·引》

子孙之贤不肖，家声之隆替[2]因之。不教子孙，是自贻[3]衰败也。故古人云：“爱子教以义方，勿纳于邪。”骄奢淫佚，所自邪也。凡我宗人，其子孙之贤者必须教之读诗书，明礼义，令不坠其家声。其或禀姿愚鲁者，亦宜教以礼节，习农务，尚勤俭，庶不致游惰而入于匪僻[4]矣。

——《汤氏家训·教子孙》

夫人上智固少，而下愚亦不多得，唯中人最多。中人之资与君子处，则规以道义，勉以德行，将德益新、业益进，日造乎高明而为智为贤矣。与小人处，但以财利相合，酒食相亲，而被其牵引，则德日偷[5]、业日荒，陷于污下而为愚不肖矣。孔子曰：“性相近也，习相远也。”至哉言乎。凡我子姓交游晋接，岂可不亲善类而无匪人[6]欤?

——《汤氏家训·慎交游》

谚云：“勤俭为成家之本。”斯言善矣。夫士勤则学成，农勤则收广，工勤则艺精，商勤则利益[7]。男勤乎外，女勤乎内，如此而又兼以俭用，未有业不就而家不成者也。传曰：“为之者疾，用之者舒。”其斯之谓欤?

——《汤氏家训·尚勤俭》

【注释】

①圣经：此处指儒家经典。

②隆替：盛衰。

③贻：错误引领，使入歧途。

④匪僻：邪恶。

⑤日偷：日益衰弱。

⑥匪人：行为不端之徒。

⑦利益：利润增加。

【评析】

汤氏认为，治理家族是治理国家的根本。宗族子弟中才能出众的，应当教导他们读诗书，以明达礼义；即使资质迟钝的，也应当教导礼节。世上中等资质的人最多。资质中等的人如果常常与君子交往，那么在潜移默化之下，他们的德行就会变得更好，事业也会日益精进。勤俭是成家立业的根本。男人和女人都勤劳，同时又节俭度日，那么事业就必定有成，家庭就必定和睦宽裕。

常州《毗陵霍氏宗规》

霍氏家族自从宋代以来，就聚居于毗陵（今江苏常州）。家族中历代嘉言懿行不可胜数。经过千百年的繁衍生息，宗族日益枝繁叶茂，向外迁徙增多。为使子孙后代牢记祖宗教训，使宗族永保昌盛，霍氏家族特订立宗规。《毗陵霍氏宗规》主要包括祭祀、祠田与祠务管理、正家之道、上下尊卑之道、和睦自讼之道、交游做人之道与生计之道等。

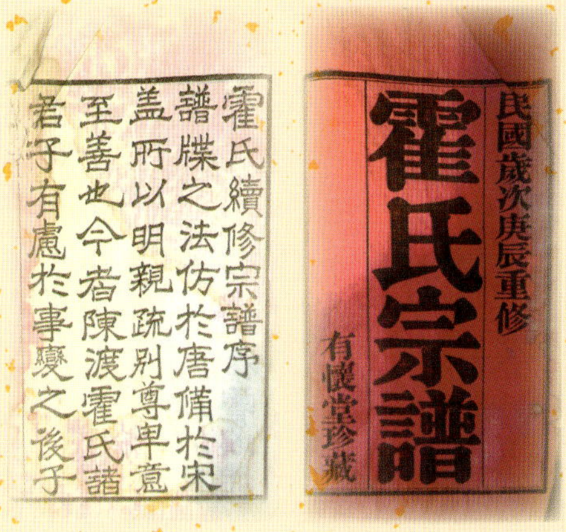

《霍氏宗谱》

【家训节选】

正[1]家之道，不外于父子、兄弟、夫妇。《易》曰：“父父、子子、兄兄、弟弟、夫夫、妇妇，而家道正。”父之教子，必以义方。每见溺爱之家，其子多骄惰、不循规矩。至习惯自然，虽欲约束，而势不行，悔之何？及抑人情于独子、孤子更多姑息，不知独子、孤子其承先启后之任益重，一入邪僻，不可救治。慎之慎之。子事父母须要实心敬爱，《孝经》一书当童而习之，须知舍此别无为人之路。至兄弟之间，异形同形，切不可生尔我心。《常棣》之歌、《杕杜》之咏，可深长思也。世有以财产细故[2]，至兄弟争讼，相疾如仇。以祖父艰难辛苦所创之业，尽为吏胥刁讼者所煽取。究之是非曲直，原无甚分晓。此家道第一坏事。夫妇者，生民之始，万福之原也。苟择配不正，一娶泼悍酗妒之妇，失欢于父母，启衅[3]于弟兄，开罪于邻里族党，家门即便萧索，不可不慎。盖夫为妻纲，型[4]家自妻始，慎毋以燕昵[5]失治家之本也。总之，一家顺聚，则万事皆理，福泽自厚。若于伦理有亏，玷辱家风，轻则公祠议处，重则送官律治。

——《毗陵霍氏宗规·正家之道》

【注释】

①正：引申为基准。

②细故：细小而不值得计较的事。

③衅：争端。

④型：规范。

⑤燕昵：私下亲近。

【评析】

治理家族的道理，简单地说，就是要协调好父子、兄弟和夫妇之间的关系。父亲应当以仁义教育儿子，子女应当真诚地侍奉父母。兄弟之间，不管有没有分家，都不可有生分之心。为了家庭的和睦，选择妻子必须慎重。夫妻相处之道，在于不能过于亲昵而忘却治家的根本道理。如果一个家庭能够和睦生活，那么事业自然就会发达，福泽自然就会绵延深厚。

常州武进《汪氏宗规》《汪氏家训》

常州武进《汪氏宗规》共有十二条，包括谨祭祀、珍谱牒、建宗庙、培祖墓、输赋税、戒杀生、慎婚嫁、饬丧纪、杜异姓、端闺门、拒巫觋与守清白。武进《汪氏家训》共有十八条，包括全忠孝、敦友恭、睦宗族、宜家室、勤读书、力耕稼、守职业、务勤俭、重廉耻、崇谦让、慎交游、解仇怨、息争讼、戒沉湎、禁赌博、绝淫昵、恤孤寡与济贫穷。在宗规起首，就开门见山地指出明礼与正身的重要性：“盖闻俗奢则示之以俭，俗俭则示之以礼，所以明礼以维风，正身以范俗也。”

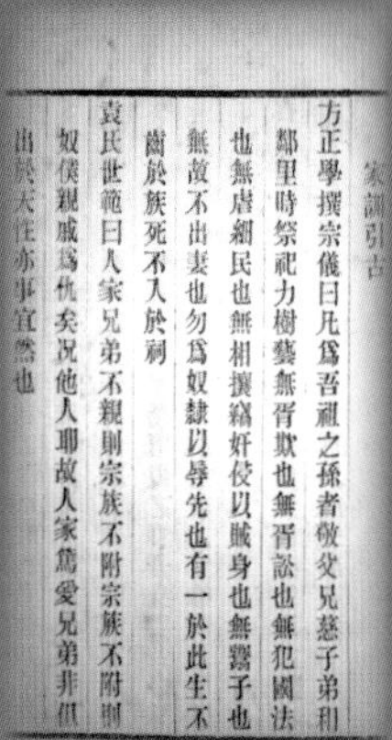
家訓引古
方正學撰宗儀曰凡爲吾祖之孫者敬父兄慈子弟和
鄰里時祭祀力樹藝無胥欺也無胥訟也無犯國法
也無虐鄉民也無相攘竊奸佼以賊身也無鬻子也
無故不出妻也勿爲奴隸以辱先也有一於此生不
齒於族死不入於祠
袁氏世範曰人家兄弟不親則宗族不附宗族不附則
奴僕親戚爲仇矣況他人耶故人家篤愛兄弟非但
出於天性亦事宜然也

《汪氏家训》

【家训节选一】

天地有好生之德，即昆虫草木，非其时不杀一物，而人不过物之灵者[①]耳。无故杀生，必干[②]天怒，岂可贪口腹而戕物之生乎？君子见其生，不忍见其死，闻其声，不忍食其肉者，无非一点好生之念，发于心之不得已。然无知者流，凡遇吉庆，或生子，或寿诞，必欲罗致宾客，遂令宰鸡杀彘[③]，供其饕餮。不知我爱其生，物岂不爱其生？今乃为我而戕物之生，岂非暴殄天物，况无事而伤物命者乎，我子孙宜早永禁。至牛能耕种，犬能守夜，蛙能护谷，尤宜戒食其肉。古来书中有戒食牛犬及放生各条，果报昭彰，细玩[④]当自猛省。

——《汪氏宗规·戒杀生》

【注释】

①灵者：灵秀者。

②干：招致。

③彘：猪。

④细玩：细细思量。

【评析】

天地有好生之德，如果人们不是出于生活的必要，而是无缘无故地杀生，那么就会触怒上天而遭到惩罚。因此，我们不能因为贪图口腹之欲，而损伤万物的生机。这段家训字里行间无疑包含了对自然生态的尊重甚至敬畏之情。

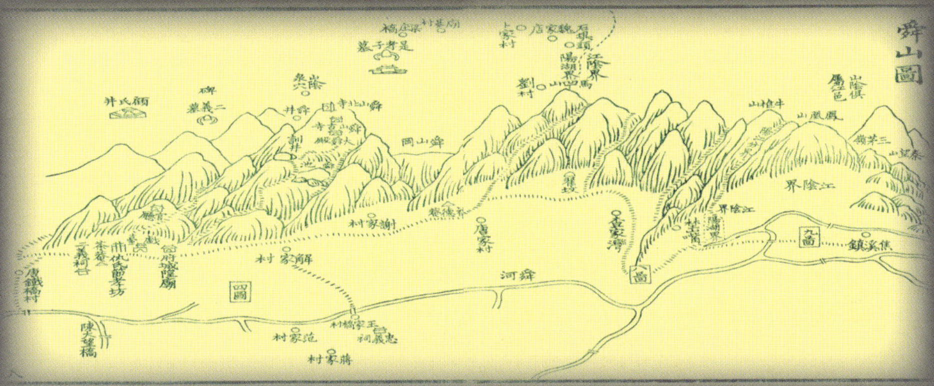

武进舜山

【家训节选二】

《君陈》篇云："孝友施[1]于有政。"政者，正也。正己即可以正人。盖一家之中，长幼尊卑，亲疏远近，靡不[2]循循善诱，井井有条，由是而族、而乡、而国、而天下，一正而自无不正矣。故宗法既不可不立，而家教尤不可不严。守其教则子孙昌盛，不遵其教则家道式微[3]。

"子孙虽愚，经书不可不读"，柏庐朱氏之明训。吾人皆所共晓。盖读书欲求明理，气节、品行、心术、学问，必于是乎取之，典故其末也。能常与诗书近，则陶镕[4]气质，涵养性情，扩充见识，增长神智，纵不能博科第而幸列青衿，亦出齐民之等。遗子满籯[5]，何如一经？旨哉斯言。然要在体认圣人立教本旨，攻苦而勤习之，自得其中趣味，终身受用不尽。凡我后人，书田宜耕，勿以家贫而早废诗书，勿以椎鲁而不专诵习，总期力学毋替书香。

——《汪氏家训·勤读书》

亚圣曰："无耻之耻，乃几于无耻。"盖言人能耻己之无耻，由是改行从善，乃终身无复有耻辱之累。故臣知耻则节立，士知耻则品立，民知耻则名立。耻之于人大矣哉！然欲鲜耻，又贵寡廉。礼云："砥以立廉。"廉者，隅[6]也。砼砼然[7]有分辨，一介不苟取，则不忘廉，即不丧耻。彼贪位慕禄，苟合取容，附膻逐臭者，廉且不能，耻何能免。昔汉杨震暮夜却遗金，曰："吾愿后世子孙但为清白吏而已。"尔子孙宜共景行[8]，切勿贪婪，以忘大耻。

——《汪氏家训·重廉耻》

谦与满异，让与争反。《书》曰："满招损，谦受益。"谚云："凡事要退一步想，留一步让人。要宽一着做，留一着与人。"此数言诚待人接物之要道。尝见世之享大位者，以贵下贱，处世必谦恭。膺厚禄者，以功下人，持躬必退让。故正考父[9]三命滋益恭，元公[10]吐握以待士。古圣贤且然，况吾人乎？但有一分倨傲气，便是薄福相。何者？以其浅也。浅则浮，浮则露，露则败。反此而偾事[11]者，鲜矣。

——《汪氏家训·崇谦让》

【注释】

①施：实行。

②靡不：无不。

③式微：指事物由兴盛而衰落。

④陶镕：陶铸熔炼。

⑤籯：箱笼一类的器具。

⑥隅：角落。

⑦硁硁然：形容浅薄固执的样子。

⑧景行：高尚的德行。

⑨正考父：孔子七世祖。

⑩元公：南北朝西魏文帝元宝炬之子。

⑪偾事：搞坏事情。

【评析】

自己品行端正，才可以去端正他人。治理家庭的关键，在于长幼尊卑有序。以治家之道推广到一族、一乡、一国以至于天下，那么一族、一乡、一国以至于天下就都能得到治理。治家若要得当，宗法就必须树立，家教就得严厉。家教之所以重要，是因为它决定了家族的兴衰隆替。

努力读书，就可以明白道理，就可以涵养气节、品行、心术和学问。读书的关键在于，要深刻体会圣人教义的根本宗旨。

对于做人来说，知耻极为重要。臣子知耻，那么就能树立节操；士子知耻，那么就能挺立品德；小民知耻，那么就能保持名节。如果要做到知耻，就要能够做到廉洁。应当谦虚，而不是骄傲。骄傲会侵蚀福祉，会败坏事业。

常州金沙李墟《蒋氏宗约》《蒋氏谱训》

常州金沙李墟《蒋氏宗约》包括“敦孝悌，以培本源”“择婚配，以端伦纪”“慎交游，以防匪僻”“矜孤孀，以全名节”“择墓地，以奠幽冥”“务农桑，以饶衣食”“齐心力，以御外侮”与“宽奴婢，以展仁心”。《蒋氏谱训》则包括敦孝、训后、友于、急公、杜讼、矜恤、宽下与谨祭祀。

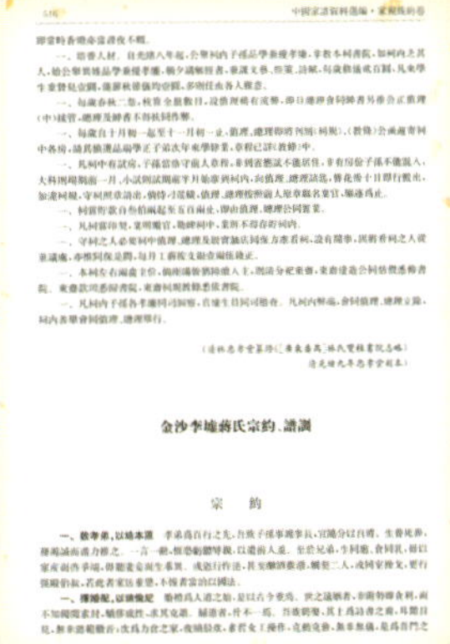
金沙李墟蔣氏宗約、譜訓

宗 約

金沙李墟《蒋氏宗约》《蒋氏谱训》

【家训节选】

人生德业，端自弟子始，其生知安行者，能有几人？大约资[①]于造就者居多。故中人之性，原介于可成、可败之间，而父兄之心，若不审其成之、败之之术，又何怪乎缙绅有淫嗣[②]，田舍多骄子哉？凡为父兄者，端[③]蒙养[④]之功，择师训教，外以收敛其放心，内以涵养其德性，优游浸渍，习与性俱居，必系亢宗[⑤]之望，出则显华国[⑥]之材。

——《蒋氏谱训·训后》

夫天之生人，不能皆全，而人之遭际，焉能尽美？鳏寡孤独[⑦]，为无告之穷黎[⑧]；残疾疲癃[⑨]，乃天刑[⑩]之遗孽。故圣王发政，必先加意焉。窃怪炎凉之辈，见夫崇高富贵者，不惮左右以逢迎，一遇茕独[⑪]流离，不觉后先而鄙笑。不惟不蒙其怜悯，且指其先人失德，摘其素行多愆[⑫]，以为果报。呜呼，一何忍心至是。凡我族人目击颠连，虽不克倾囊以济，亦必量力相周。至于至戚，分膏割腴，分所宜然，慎毋泛视。

——《蒋氏谱训·矜恤》

【注释】

①资：依赖。

②淫嗣：邪恶的后代。

③端：尊崇。

④蒙养：开蒙教养。

⑤亢宗：振兴门庭，光耀宗族。

⑥华国：光耀国家。

⑦鳏寡孤独：鳏夫寡妇孤儿与独身之人。

⑧穷黎：穷苦百姓。

⑨疲癃：重病。

⑩天刑：遭到命运惩罚。

⑪茕独：孤独。

⑫愆：过错。

【评析】

由于人生德业大多始于小时候的学习，因此作为父辈兄长，理当为子弟选择良师，以忠孝仁义教化他们，以便涵养他们的德性。遇到那些命运颠沛流离的人，我们应当量力而为地帮助他们。

常州金坛《何氏家训》

常州金坛《何氏家训》包括端心术、平气质、勤耕读、崇节俭、尚姻睦、严教训、慎交游、择嫁娶与急正供。《何氏家训》指出，家之所以为家，并不止于传承香火，而且一定要上下尊卑有序，方可称之为家。因此，礼教对于家是至关重要的。此处节选家训中的“端心术”“勤耕读”与“严教训”。

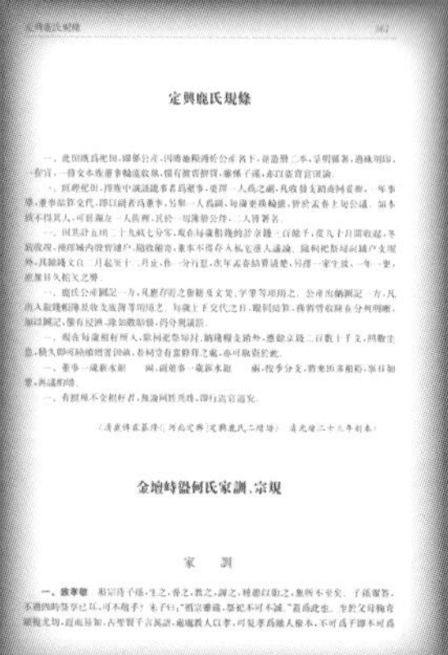

定興鹿氏規條

金壇峙盟何氏家訓.宗規

家　訓

金坛《何氏家训》

【家训节选】

心者一身之主宰，贵光明正大，犹如青天白日一般，使吾身举动皆可以对人言，何往而不自适[1]乎。不然，奸险狠毒，虽阉然[2]媚世，无处不形其跼蹐[3]矣。况朱子曰：“匿怨而用暗箭，祸延子孙。”心术不端，不但身受其咎也。可不惧哉?

——《何氏家训·端心术》

所谓故家大族者，以其读书成名也。故必习经书，明理义，达则可为朝廷梁栋，穷则可为文墨通儒。倘资质凡下，亦须粗知礼节，然后务农。盖耕稼衣食之原，勿谓其利缓[4]，缓而有恒；勿谓其利微，微而可继。岁歉而寡获[5]，无望外之思；岁丰而多取，无贪污之辱。治生良策，莫过于此。

——《何氏家训·勤耕读》

子孙之贤不肖，家声之隆替因之，而父兄之教育与否，又子孙之贤不肖因之。义方之训，传家之首务也。凡为父兄者，于子弟幼时必择明师教通文墨，以希上进，否则督课农业以谋衣食，使之习惯自然。慎勿溺禽犊之爱[6]，养成骄惰，一旦气运不常，饥寒相逼，耕则不能，读则已晚，流于污下，玷辱门风，皆父兄不教之故。

——《何氏家训·严教训》

【注释】

①自适：悠然闲适而自得其乐。

②阉然：曲意逢迎貌。

③跼蹐：畏缩恐惧的样子。

④利缓：利益来得缓慢。

⑤寡获：收获少。

⑥溺禽犊之爱：像宠爱小猫小狗那样溺爱。

【评析】

心是人的主宰，它的可贵之处在于光明正大。一个人如果心术不正，就会深受其害，而且还会殃及子孙。不少世家大族都是通过读书而成名的，因此不可不重视学习经书。即使子弟中资质平庸的，也必须教导他们通晓礼节，然后方可安心务农。

常州《毗陵是氏家训》

常州毗陵是氏家族为使家声不坠，于是选择历代祖先中足以深刻告诫子孙后代的遗训，将它们编纂起来，是为《毗陵是氏家训》。《毗陵是氏家训》在开头指出："先代遗文，片言只字，皆足垂训家之典也，但散逸浩瀚不能一一记录。姑撮其不磨者数则，以备后人观览。"此处节选"隐耕公遗训"与"西园公遗训"。

《江苏是氏宗谱》

【家训节选】

“弟子先当教以孝悌，孝悌为仁之本也；其次教以文艺，非文艺则孝悌不章[①]。今人稍谙[②]数目，便思逐末，逐末而商贾，或流于牙侩[③]；逐末而刀笔，甚流于胥隶[④]。两者择术俱不正，不可不慎也。”又云：“四民之中惟人所择，必不得已而为佃、为佣，亦无不可。乃失身牙侩中保，甚或流为倡优[⑤]、隶卒[⑥]，乃甘心仆役而不耻，吾不知之矣。总之，四维以廉耻为重，知廉耻则不至此矣。”又云：“耕读二字，不可混淆，盖先耕而后读也。明农是吾辈本业，过此皆末务矣。君子务本，此又不可不知也。”

——《毗陵是氏家训·隐耕公遗训》

“风俗之浇漓[⑦]，都从渐染成习来。游闲子弟博弈饮酒征歌选妓，斗鸡走狗，优人艳曲，靡曼[⑧]之习最易渐染。大都此类不特不可使子弟见，亦不可使之知，一牵引，便沉湎矣。风俗之坏皆由于此，爱子弟者，当善保护之。”又云：“人家爱护贤子弟，如护闺女，择师教之，择友辅之。谚云‘蓬生麻中不扶而直’，夹持不可无严师友。若喏近匪人，气习熏染，近墨者黑，可不戒欤？”

——《毗陵是氏家训·西园公遗训》

【注释】

①章：古同“彰”，彰明。

②谙：熟记，背诵。

③牙侩：市侩。

④胥隶：封建官府中的小吏和差役。

⑤倡优：古代称以音乐歌舞或杂技戏谑娱人的艺人。

⑥隶卒：衙门里的差役或衙役。

⑦浇漓：浮薄不厚。多用于指社会风气。

⑧靡曼：奢侈淫靡。

【评析】

教育子弟，首先要教以孝悌，这是因为孝悌是仁德之根；其次要教文艺，因为文艺可以彰显孝悌。择业必须慎重。礼义廉耻四维之中，廉耻最为重要，懂得廉耻，就不会自甘堕落。要传承家道，耕读都不可废。但两者之间，还是耕作更为优先。这是因为，务农是本分职业，是衣食之源。不能让子弟们接近不良的生活风习，一旦他们受到诱惑，就可能会沉湎于其中。因此，必须妥当地善加保护子弟，要为他们选择严师益友。

常州《毗陵庄氏祠规》

常州《毗陵庄氏祠规》对祠产的经营与管理，做出了详尽的、井井有条的规定，展示了传统中国家族内部事务的高度自治与契约精神。其中的旧定经理祠产各条包括司事、输赋、供祭、征租、定斛、收储、出粜、勘荒、给发、置产、修祠、修墓、交账、批账与摄长。增订祠规包括清肃、修葺、清厘与申约。此处节选“司事”与“批账”。

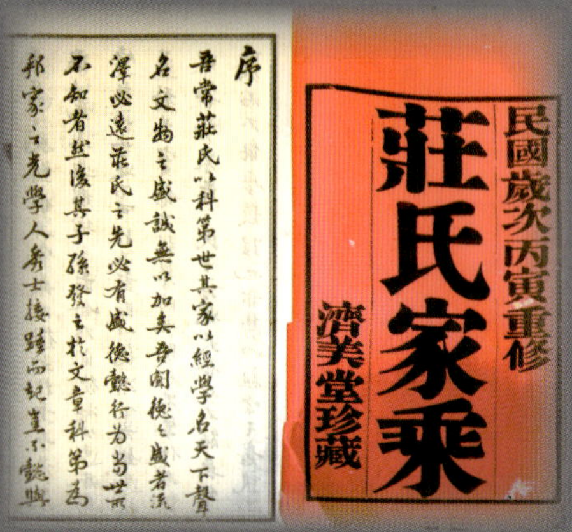

《庄氏家乘》

【家训节选】

祠中一切事宜，太仆[1]公后子孙公辨。每分[2]轮年，族长暨各分长公同举有身家、能干办、励廉节者一人或二人为经管，仍于三分中各举一人或二人为监管。自一房递及小五房，周而复始。命管者不得辞，谋管者不可付，现管者宜矢公矢慎[3]，怨劳不避。

——《毗陵庄氏祠规·司事》

经管、监管之称职，又在族尊、分长之公明。祠账既举，经管复举，监管一年一交，此良法也。但人情不一，其中固多好义秉公，恐或有萌不肖者，族遵、分长研心查阅，收租则核其根簿，出粜[4]则核其时值，凶荒则核其分数，完粮则核其串号，杂用则核其真伪。祭之日汇同族众清算批给，其有奉公者则扬[5]之，其有侵欺者则追之，自可无纷杂淆讹，浮溢[6]重复诸弊。否则泾渭不分，劝惩不立，一味徇情[7]，唯恐招怨，渐滋经管监管之误事，咎将谁诿耶?

——《毗陵庄氏祠规·批账》

【注释】

①太仆：官名，此处指总管。

②分：分祠。

③矢公矢慎：立誓公正慎重。

④出粜：卖粮食。

⑤扬：传播出去。

江苏好家训

⑥浮溢：多余的支出。

⑦徇情：无原则地曲从人情。

【评析】

一切公祠事务，在总管公布后，由子孙们共同讨论，无疑体现了朴实的民主精神。每个分祠轮流主持，族长与各分祠长老共同推举经管和监管。经管和监管应当公正，要能耐得劳苦与埋怨。祠中账簿公开、经管公开，监管则一年一交。族长和分祠长老得细心查阅账簿。在祭祀祖宗之日，对奉公廉洁的经管和监管要表彰，对欺诈侵吞祠产的经管和监管要进行惩罚。这些详尽的规定，无疑表现了传统宗族内部事务的高度自治。

无锡《宜兴堵氏祠规》

无锡《宜兴堵氏祠规》在引言中开宗明义地指出："国有国法，家有家规。"国家以官吏治理百姓，尊贵但疏远；家族以祖宗遗训教育子孙，亲密而贴近人心。因此，祠规的设立，有利于补充国法的不足，有利于通过教化形成美好的风俗。总之，订立祠规的宗旨在于"惟祖宗之训言是言，训行是行。父以课子，兄以课弟，折节率行，终身弗忘，则家规立而国法可不犯。在家称令子，在国称善士矣。"《宜兴堵氏祠规》包括八款说、大孝（凡二十则）、小孝（凡十八则）（附条约凡例）、弟字（凡十六则）（附条约凡例）、耕读本业（凡八则）（附条约凡例）、廉谨持己（凡九则）（附条约凡例）、信顺待人（凡十一则）（附条约凡例）、谒祠序言、祠田引言（附条约）（附给佃户收票式）（优帐凡例）（附优帐票式）、祭规序言与祭期。此处节选祠规"引言""大孝""耕读本业""廉谨持已"。

宜兴龙池

【家训节选一】

国有国法，家有家规。然国以官长治百姓，尊而疏；家以祖宗教子孙，亲而近。百姓对官长，尚敢以言貌相欺。子孙对祖宗，何忍使血脉不贯。故祠规之设，所以济①国法之不足。先事而匡失②，教成而善俗。古之人行修于家，化行于国，用是道也。愿我子姓亲祖宗如闻声咳，畏清议如见官长。惟祖宗之训言是言，训行是行。父以课③子，兄以课弟，折节率行④，终身弗忘，则家规立而国法可不犯。在家称令子⑤，在国称善士矣。

——《宜兴堵氏祠规·引言》

【注释】

①济：补益。

②匡失：匡正过失。

③课：按规定的内容和分量讲授或学习。

④折节率行：屈己下人，率先垂范。

⑤令子：犹言佳儿、贤郎。多用于称美他人之子。

【评析】

设定祠规的目的，是为了补充国家法度的不足之处。积极教化族人，就可以养成淳朴的风俗。要遵从祖宗的训诫，父兄要以此教导子弟。如果家规树立，那么国法也就不会被违反。遵守祠规，子孙后代在家就能做好子孙，在国就能做好士子。

【家训节选二】

立念做好人。

立学以荣亲。

居处[1]端庄，言行不苟。

事居莅[2]官，必忠必敬。

见利思义，不妄取与。

处事待人，忠信不欺。

笃行力田，生养葬祭如礼。

先事怡顺，曲体[3]亲心。

父母有过，几谏格非，不伤亲志。

父母有命，治则力行，乱则曲掩。

父母有难，闻义勇奋。

率妇婉娟，训子义方。

敬长睦族，内外修和。

敬父母之所敬，爱父母之所爱，率衷无二。

惩忿思难，不以亏辱贻亲。

父母在，养事无方；父母没，哀思不已。

有善则归亲，有过则思亲。

以孝教人，推仁及物。

贫不丧先人之所守，富不忘先世之维艰。

处家庭之难，而不失其正。

——《宜兴堵氏祠规·大孝》

【注释】

①居处：指平日的仪容举止。

②莅：治理，通知，管理。

③曲体：原指弯腰，后多指深入体察。

【评析】

在传统社会中做人，孝顺父母长辈是极其重要的。立志做好人，努力学习，无不与荣耀双亲有关。对于父母，在他们生时要合乎礼义地赡养他们，在他们去世时要合乎礼义地安葬，每逢忌日要合乎礼义地祭奠。要以孝道教育子弟，并且要进一步将仁德推广于天地万物。

【家训节选三】

耕先人产，读先人书。

不怨歉岁，不憾[1]朱衣[2]。

富不忘业，贫不徙业。

耕有力以助人，读有得以教人。

慎交匪类[3]人，莫为非分事。

不求安饱，老壮穷坚。

能守业者吾师之，不务业者吾远之，不卒业者吾扶之。

立志不为无业人，立心不贪非分有。

——《宜兴堵氏祠规·耕读本业》

【注释】

①憾：表示悔恨失望，心中感到不满意。

②朱衣：古代绯色的公服，因亦指穿这种公服的职位。

③匪类：行为不端正的人。

【评析】

中国古代传统的大家族向来讲究耕读传家，认为不管是富贵，还是贫穷，都不能背离耕读本业。达则兼济天下，穷则独善其身。生活富裕时要记得帮助他人，读书有成时要记得教给他人。人生中，正业、本业最重要。

【家训节选四】

不见非有之财，不设分外之想。

淡泊明志，宁静致远。

用不尽自家本等，扑不破[1]一付小心。

贫者士之常，敬者身之宝。

见可欲，则设想曰："我欲人亦欲，我欲得则欢，人欲不得则怨，怨则必报，报则祸患立至，不但不得，兼丧所有。"如是警醒，则能廉矣，则能谨矣。庭众间如是想，屋漏[2]中如是想。

廉者常足，谨者不辱。

省取一分，惜一分福。退守一步，免一步祸。

子曰："忧道不忧贫，先难而后获。"此是个"廉"字。

《诗》云："战战兢兢，如临深渊，如履薄冰。"此是个"谨"字。

——《宜兴堵氏祠规·廉谨持己》

【注释】

①扑不破：即颠扑不破。比喻理论学说完全正确，不会被驳倒推翻。

②屋漏：古代室内西北隅施设小帐，安藏神主，为人所不见的地方称为"屋漏"。

【评析】

做人要安分守己，要耐得住寂寞，要甘于清贫，要小心谨慎，要知足常乐。总之，不应当有非分之想，不应当有越位之思，应当做到廉洁和谨慎。

后记

为深入贯彻党的十八届三中全会关于“坚持立德树人，完善中华优秀传统文化教育”精神，凝聚实现中国梦的强大正能量，我们编撰出版了《江苏好家训》。

全书收录江苏历代名人家训四十七则、世家大族的家训二十五则。每条家训条目内容由作者简介、家训节选、注释、评析四部分构成，根据家训原文长短适当分割；注释部分尽量做到将每一难字、难词、名物度数、典章制度等解释清楚；评析部分尽量将作者信息、家训意义及其影响给予明确客观的介绍。

本书由江苏省地方志办公室组织编撰，参与编撰的专家学者有江苏省社会科学院哲学与文化研究所所长胡发贵研究员、陆月宏副研究员、杨明辉助理研究员、孙钦香助理研究员。在编撰过程中，无锡、常州、泰州、江阴、建湖、兴化、泰州高港、泰州海陵志办报送了一批有价值和意义的家训，同时还得到了南京图书馆、苏州市志办、常州市志办、无锡鹅湖镇政府等单位的大力支持与帮助，对以上单位及个人提供的辛勤劳动在此一并表示感谢。

由于水平有限，书中难免有疏漏之处，敬请各位专家和读者批评指正。

编　者

2017年4月

图书在版编目（CIP）数据

江苏好家训 / 江苏省地方志编纂委员会办公室编.
— 南京：江苏凤凰教育出版社，2017.5
ISBN 978-7-5499-6491-8

Ⅰ.①江… Ⅱ.①江… Ⅲ.①家庭道德—江苏
Ⅳ.①B823.1

中国版本图书馆CIP数据核字（2017）第109721号

书　　名　江苏好家训
编　　者　江苏省地方志编纂委员会办公室
总 监 制　王瑞书
统　　筹　张　平　孙兴春
责任编辑　薛　柏　严明瑗
装帧设计　张金风
出版发行　江苏凤凰教育出版社（南京市湖南路1号A楼　邮编 210009）
苏教网址　http://www.1088.com.cn
照　　排　南京紫藤制版印务中心
印　　刷　江苏凤凰新华印务有限公司（电话025—68037410）
厂　　址　江苏省南京经济技术开发区尧新大道399号（邮编210038）
开　　本　787 mm×1 092 mm　1/16
印　　张　19
版　　次　2017年5月第1版
　　　　　2017年5月第1次印刷
书　　号　ISBN　978-7-5499-6491-8
定　　价　96.00
网店地址　http://jsfhjycbs.tmall.com
公 众 号　江苏凤凰教育出版社（微信号：jsfhjyfw）
邮购电话　025—85406265，025—85400774，短信 025—85420909
盗版举报　025—83658579